中国绿色养老住区联合评估认定体系

聂梅生　阎青春　Paul A.Gordon　编著

中国建筑工业出版社

图书在版编目（CIP）数据

中国绿色养老住区联合评估认定体系 / 聂梅生等编著．—北京：中国建筑工业出版社，2011.11
ISBN 978-7-112-13728-2

Ⅰ.①中…　Ⅱ.①聂…　Ⅲ.①老年人住宅－居住区－环境设计－评估－中国　Ⅳ.①TU241.93 ②TU984.12

中国版本图书馆 CIP 数据核字（2011）第 224621 号

本书介绍绿色养老住区评估认定体系，包括两篇八章和两个附录。第一篇为绿色养老住区联合评估认定体系，共分四章。第一章为养老住区技术评估，对住区设施、养老服务、安全保护、运营管理和运行效果评定 5 个方面的评估内容做出了清晰阐述；第二章为绿色低碳技术评估，包括住区规划与住区环境、能源与环境、室内环境质量、住区水环境、材料与资源、运行管理和住区减碳量化评价 7 个方面的评价，以打分表形式给出；第三章为住宅性能认定，包括适用性能的评定适用性能的评定、环境性能的评定、经济性能的评定、安全性能的评定、耐久性能的评定和住宅性能认定评定方法评定 5 个方面的评定，以打分表形式给出；第四章为绿色养老住区评估流程。第二篇为养老住区规划设计指南，分为四章，从选址与规划、建筑设计、室内设计、设备 4 个方面给出了养老住区适老化设计指导和技术措施。本书可供政府相关监管部门、开发商、规划设计、物业管理和社会养老保障服务等单位的决策管理人员、规划人员、工程技术人员和服务管理人员参考。

责任编辑：俞辉群
责任设计：陈　旭
责任校对：王誉欣　刘　钰

中国绿色养老住区联合评估认定体系
聂梅生　阎青春　Paul A.Gordon　编著
*
中国建筑工业出版社出版、发行（北京西郊百万庄）
各地新华书店、建筑书店经销
北京嘉泰利德公司制版
北京云浩印刷有限责任公司印刷
*
开本：787×1092毫米　1/16　印张：$8^3/_4$　字数：217千字
2011年11月第一版　2011年11月第一次印刷
定价：**42.00**元
ISBN 978-7-112-13728-2
（21491）

指导单位： 全国老龄委办公室

主编单位： 中国老龄产业协会
全国工商联房地产商会
美国老年住宅协会
中国医院协会

参编单位： 精瑞（中国）不动产开发研究院
全国房地产设计联盟
中国医院协会医院建筑系统研究分会
北京精瑞住宅科技基金会
美国VTBS建筑设计事务所
永泰红磡养老产业集团
北京太阳城集团
鑫海颐和城养老运营服务有限公司

设计指南参编单位：
北京中联环建文建筑设计有限公司
加拿大宝佳国际建筑设计有限公司
九源（北京）国际建筑顾问有限公司
北京维拓时代建筑设计有限公司
中坤投资集团

支持单位： 住房与城乡建设部住宅产业化促进中心
美国驻华大使馆商务处

主　　编： 聂梅生　阎青春　Paul A. Gordon

副 主 编： 曾　琦　张雪舟　陈晓红　酆　峰

主　　审： 酆婴垣

参　　编（按姓氏拼音排序）：

陈江根　方　静　江　曼　李明镇　刘光亚

刘　建　娄乃琳　罗　琳　吕　兵　马　跃

任　华　任　明　王　庆　王玉清　谢　勇

谢玉雄　尹　斌　于承豪　于　冬　张　娴

张　莹　赵凤山　赵福多　郑黎晨　钟　彬

钟海萍　Keith J. Boyle　L. Gustaf Soderbergh

前　言

养老住区是指专门为老年人设计建造的、居住相对集中的、能给老年人提供家政、医疗保健和社交娱乐等服务；集社区生活和养老功能于一体的、符合老年人体能心态特征的老年人居住区。养老住区实施规范化管理、科学化运营、高效化服务，是目前国际上最为市场接受的一种养老模式。

21 世纪，中国已经不可逆转地进入老龄化社会。人口老龄化速度的加快和老年人口规模的扩大，为老龄产业的兴起和发展提供了必要的人口环境。中央关于“十二五”规划的建议中，首次将社会养老服务提升至“优先发展”的战略高度，为加快老龄产业发展提供了强有力的政策支持。作为老龄产业发展的一项核心内容，养老住区建设必将得到长足发展。

据民政部预测，到 2020 年，我国 60 岁以上的老年人口预计将达到 2.43 亿人，占总人口比重将达到 18%。在这个阶段，一方面，我国经济发展到一个新的水平，社会保障体系逐步完善，人均福利水平不断提升，老年人已逐渐成为养老住区的消费主体，市场需求明朗。另一方面，目前 40~50 岁年龄段的一批中年人到 2020 年也将步入老年，今天，他们是社会的中坚，有着较高的收入和教育水平，随着社会发展，他们已建立起独立居住的养老观念；明天，他们就是养老产业的积极消费者，是一个庞大的、较高端的消费群体。可以预见，在这一阶段，养老住区的需求将会出现井喷现象，养老住区的增长将会保持在一个较高水准，估计年增长约在 10% 左右。

近年来，我国养老服务业虽然有了较大的发展，但在总体上仍滞后于经济和其他社会事业的发展。目前专为老年人提供服务的设施严重不足，且多数养老机构的服务项目和服务内容不够齐全，服务人员的素质参差不齐，养老护理服务的数量和质量都远远不能满足广大老年人的需求。

当今世界已经进入以绿色生态和低碳生活方式为目标的发展阶段，我国养老住区开发建设的起步点，应该顺应世界主流，定位为绿色低碳养老住区（简称“绿色养老住区”）。

为了适应我国养老产业迅速发展的新形势，引导更多的社会力量投入养老产业，必须从我国国情出发，借鉴发达国家在养老产业发展方面的经验教训，引入先进的国际管理经验，以加速养老住区的开发建设。为此，在全国老龄委办公室的指导下，由中国老龄产业协会、全国工商联房地产商会、中国医院协会并特邀富有开发、经营管理经验的美国老年住宅协会参与，联合开展我国绿色养老住区开发建设的指导性文件——《中国绿色养老住区联合评估认定体系》的编制工作。这项工作得到了住房与城乡建设部住宅产业化促进中心和美国驻华大使馆商务处的大力支持。

《中国绿色养老住区联合评估认定体系》包括两个篇章，即：第一篇，绿色养老住区联合评估认定体系；第二篇，养老住区规划设计指南。本书的编制出版，将有力地加强对我国绿色养老住区开发建设的引导，规范养老住区的开发建设和经营管理，提高养老住区的服务质量，促进我国养老服务产业的健康、快速发展。

本评估认定体系适用于商品型绿色养老住区的规划、开发建设和评估认定，也可供社会福利保障型养老住区建设参考。

目录

第一篇

绿色养老住区联合评估认定体系

绿色养老住区联合评估认定体系由养老住区技术评估、绿色低碳住区技术评估和住宅性能认定三部分组成，这三者联合组成完整的评估认定体系，缺一不可。

第一章　养老住区技术评估

本章系中国绿色养老住区联合评估认定体系的第一个组成部分。

养老住区开发建设应符合国家和地方相关标准和规范的要求。应合理选择住区建设用地，周边环境应适于老年人的生活特点，交通环境安全、便捷；建筑设计、室内设计和服务设施应符合老年人的生活行为；应建立完善的安全、服务和运营管理体系。本章对住区设施、养老服务、安全保护、运营管理和运行效果评定 5 个方面提出了评估指标和评价要点。

1.1　住区设施

住区设施总分为 100 分，包括 4 个部分，其中住区公共空间和公共设施 30 分、居住单元 25 分、浴室 / 卫生间 25 分、照明通风等设施 20 分。

1.1.1　住区公共空间和公共设施

要求

应提供充分的住区公共空间以及相应的公共服务设施，以满足老年人的生活需要。

评估要点

满分：30 分

1. 公共空间应有用餐功能和休闲功能。（4 分）
2. 厨房和餐厅设施应能够为内部居住者服务。（3 分）
3. 餐厅每座面积≥ $2m^2$；发休闲空间面积居住者人均不低于 $1.5m^2$。（3 分）
4. 为 25 人（含）以上居住者服务的休闲空间应设置两个以上的房间。（2 分）
5. 用于管理、睡眠或通道的空间不应做餐厅或休闲空间。（2 分）
6. 提供足够的存储空间，为医药用品提供锁定区域。（4 分）
7. 为居住者提供辅助行动和生活的设备，如轮椅、步行器、床、

床垫等服务设施和设备。（5 分）

8. 公共空间应为无障碍。（4 分）

9. 有公用电话和网络设施。（3 分）

1.1.2　居住单元

要求

应提供舒适、健康、充足的居住空间以及相应设施，确保老年人有较高的居住质量。

评估要点

满分：25 分

1. 保障居住者的私密性，一间卧室最多为两人合住。（4 分）
2. 卧室面积：单人间≥ $12m^2$，双人间≥ $16m^2$。卧室中应配置舒适的床具。应能提供轮椅或步行机等辅助设备。（5 分）
3. 除临时客人之外，居住者不与工作人员或其他人员共用卧室。（3 分）
4. 居住单元应有可锁的门和独立控制的温控器。（4 分）
5. 卧室中应配备足够的衣物和个人物品存储壁橱和抽屉，每个居住者应至少有 $1m^2$ 的抽屉空间。（4 分）
6. 房间进出、内外使用空间均为无障碍。（5 分）

1.1.3　浴室 / 卫生间

要求

应配置使用方便、安全舒适的卫浴设备，保障老年人生活的安全卫生。

评估要点

满分：25 分

1. 每两个居住者至少有一套卫生间，洗手盆每人一个，洗手台长度每人≥ 900mm。鼓励每个卧室有一套浴室 / 卫生间。（4 分）
2. 浴室和卫生间设计具有良好的私密性。（3 分）
3. 坐便器、浴盆和淋浴器旁设有攀扶的把手。（3 分）
4. 至少有一套能由辅助人员帮助居住者使用的卫浴间。（3 分）
5. 卫浴间必须是无障碍的，且便于身有残疾者使用。（3 分）
6. 浴室不得用于其他用途。（2 分）
7. 浴室地面必须防滑、防水。（4 分）

8. 冷、热水水龙头应有明显的识别标志。（3 分）

1.1.4 照明、通风等设施

要求

在照明、通风、电气等方面提供充分的方便条件，以利于老年人的生活。

评估要点

满分：20 分

1. 一般照明、卫浴照明、阅读照明、走廊、厨房和食品准备区域的照明应充足，其照度标准应高于居住建筑照度标准的 10% 左右，在公共场所等处设有应急照明。（4 分）
2. 各空间均应有供暖系统，保证冬季室温维持在 22℃ ~24℃。（5 分）

（1）禁止在不通风的情况下使用房间内加热器和便携式电加热器；

（2）壁炉和木材炉不应作为采暖器具。

3. 卧室、起居室和用餐区域应配置空调或电风扇，保证夏季室温不超过 28℃。（5 分）
4. 厨房和食品准备区域应有良好的通风，且应远离可能引起食品污染的场所。厨房需设置排油烟设施。（3 分）
5. 卫浴间应设机械通风系统，通风量≥ $0.06m^3/min$。（3 分）

1.2 养老服务

养老服务在养老住区运营中十分重要，服务内容包括日常生活服务、家政服务、健康医疗和社交、娱乐与教育等。服务质量与服务商的经验和能力密切相关。养老服务总分 100 分，其中服务内容 80 分、服务供应商管理 20 分。

1.2.1 服务内容

要求

为居住者提供完善周到的服务，提升老年人的生活质量。

评估要点

满分：80 分

1. 日常生活服务（20 分）

（1）个人生活照料服务：为入住的老年人提供持续性照顾，以确保老年人享有舒适、清洁的日常生活。个人生活照料服务包括老年人个人清洁卫生、穿衣、修饰、饮食起居、如厕、口腔清洁、皮肤清洁护理、褥疮预防、便溺护理等。（4分）

（2）受伤预防措施：以预防为主，采取适当的安全措施，达到避免或减少老年居民受伤事故。受伤预防措施包括提供安全设施（如专门设计的安全床具、减少对他人影响的分隔设施、充足的吸氧设施等）、使用约束物品、采取预防措施（如提供夜间照料等）。（4分）

（3）膳食服务：应根据营养学、卫生学要求、老年人生活地域特点、民族、宗教习惯以及特殊健康状况制定菜谱，为老年人提供营养丰富，全面合理的均衡饮食。膳食服务包括食物的采购、处理、储存、烹饪、供应过程，提供适宜的就餐环境，为老年人提供一日三餐及食品的卫生监控管理。（4分）

（4）家居服务：使老年人能在居住的环境中得到健康照料，帮助老年人和家庭提高自我照顾的能力。家居服务包括指导家务管理，协助维持家庭生活（如帮忙管账、购物、整理房间等），对老年人进行日常生活照料（如起居、换洗、买饭、伴随散步出行等）。（4分）

（5）物业管理维修服务：满足入住的老年人日常生活基本需求、为老年人提供适合老年人生活特点、安全、合适、方便的生活环境。物业管理维修服务包括提供水、电、取暖、降温、排污、消防、通信项目的维修与保养。保障生活设施完好。（4分）

2. 家政服务（20分）

（1）环境卫生服务：为老年人提供舒适、清洁、安全的养老环境。环境卫生服务包括老年人居室、公共空间和室外环境的清洁卫生。（3分）

（2）洗衣服务：满足老年人清洁衣物的需求。洗衣服务包括签约提供送洗及送回服务的整个服务过程。（2分）

（3）咨询服务：帮助老年人解决各种疑难问题，获取各种信息。咨询服务包括开展法律、心理、医疗、护理、康复、教育、服务信息等方面的咨询。（3分）

（4）通信服务：满足老年人与家人和社会保持紧密联系的需求。

通信服务包括为老年人和监护人提供通信便利，用不同的通信手段协助联系亲友或监护人。（2 分）

（5）送餐服务：满足老年人将饮食送到房间的服务需求。送餐服务包括为无法独立购物或准备膳食的老年人提供一日三餐的饮食。（3 分）

（6）购物服务：帮助老年人解决购物不便的困难。购物服务包括为老年人代购物品或陪同购物。（3 分）

（7）代办服务：帮助老年人解除阅读、书写或领取物品、交纳费用的困难，满足老年人与社会交往的需求。代办服务包括代读、代写书信，帮助处理老年人的各种文件，代领、代缴各种物品和费用。（2 分）

（8）交通服务：方便老年人及监护人交通往来。交通服务包括定时接送老年人及监护人，满足处出购物、出行等要求，出车间隔时间应不小于半小时。（2 分）

3. 健康医疗（20 分）

（1）老年护理服务：满足住区内老年人健康和医疗照护需求。老年护理服务管理应根据养老住区的性质、入住老年人整体评估结果，对其实行分类管理，根据老年人的护理问题，开展护理服务，采取护理措施，达到护理目标。老年护理服务包括基础护理、老年专科疾病护理、老年心理护理、老年康复指导、老年期健康教育、健康咨询、护理技术操作、住区内感染控制、临终护理等工作。（4 分）

（2）心理 / 精神支持服务：满足老年期特殊心理和精神需求。心理 / 精神支持服务包括访视、访谈、危机处理、咨询活动。（3 分）

（3）协助医疗护理服务：在医生和护士的指导下完成简单的医疗护理照顾服务。协助医疗护理服务包括观察老年人日常生活情况变化；协助老年人服药、协助生活不能自理的老年人移动和进行肢体活动；协助老年人使用助行器具；完成标本的收集送检；协助进行并发症的预防；完成物品的清洁，消毒，协助做好住区内感染的预防工作。（4 分）

（4）医疗保健服务：满足入住老年人基本医疗需求。医疗保健服务包括为老年人提供健康管理、健康咨询、康复指导、预防保健工作。（3 分）

（5）陪同就医服务：协助监护人满足老年人基本医疗需求。陪同

就医服务是协助监护人陪同老年人到指定的医疗机构就医。（3分）

（6）为老年痴呆症患者提供所需的服务：在保障人身安全的前提下，注重提高痴呆老人的生活质量。服务包括：当患者行为和身体情况发生变化的时候通知医生和家人，以及其他需要知情的人；对恍惚、攻击性行为和摄食有害物质等应有防护措施。（3分）

4. 社交、娱乐与教育（20分）

（1）休闲娱乐服务：满足老年人休闲娱乐需求。休闲娱乐服务包括开展各种休闲娱乐活动，如棋、牌、器械、体育活动、书法、绘画、唱歌、戏曲、趣味活动和参观游览。（12分）

（2）教育服务：满足老年人学习新知识、掌握新技能和与社会交往的需求。教育服务包括开展各类知识讲座（健康知识、时事教育、绘画技巧、音乐戏曲、照相摄影、运动知识、电脑网络等），举办各种老年技能培训。（8分）

1.2.2　服务供应商管理

要求

根据服务标准，按照科学的程序与办法遴选出最合适的养老住区服务供应商。并通过科学合理的考核，检验服务商的服务质量，督促服务商不断提高服务水平。

评估要点

满分：20分

1. 服务商遴选（10分）

服务商遴选包括：对服务供应商的资质、经验、经济与规模实力以及持续服务与永续经营能力的考察；服务供应商遴选的程序与办法；与服务商的合作方式选择。

2. 服务商考核（10分）

服务商考核包括：服务商的考核周期、考核办法、考核结果和奖惩措施。

1.3　安全保护

与普通住区相比，养老住区除消防安全外，还应重点关注食品安全和医疗安全。安全保护总分 100 分，其中消防安全 30 分、食品安全 30 分、医疗安全 40 分。

1.3.1 消防安全

要求

具有有效的检测技术手段，预防和减少火灾危害，并能够确保在火灾发生时，行动不便的老年人可以及时转移到安全场所。设有应急发电设备，以保证在正常供电中断情况下，提供基本的照明及安保用电。

评估要点

满分：30 分

1. 设置烟雾探测器和喷淋系统 （10 分）

（1）所有走廊应安装燃烧产品（烟雾）U/L 型探测器，并与消防警报系统相互连接，探测器间距不得超过 18m，并且与任何一端墙的距离不得超过 9m。（3 分）

（2）所有的储存室、厨房、客厅、餐厅以及洗衣房应安装热探测器或燃烧产品探测器，并与消防警报系统相互连接。（3 分）

（3）应在楼梯最前面、每个居住房间内以及走廊中安装烟雾探测器。（2 分）

（4）须设置自动喷淋系统。（2 分）

2. 设置应急电源 （8 分）

（1）消防报警系统、烟雾探测系统、热探测系统以及应急照明应有应急电源。（4 分）

（2）火灾探测和报警系统的应急电源若为手动启动，应能够 24h 监控建筑物，报警时长应超过 5min。（2 分）

（3）应急灯的应急电源应为手动启动发电机，当日常电源故障时，能够提供 3~12h 的照明。（2 分）

（4）如果应急电源为电池系统，无第（2）、（3）款要求。（4 分）

3. 设置呼叫系统（4 分）

有 10 个或更多居住者的场所以及所有独立居住设施内应设置智能型无线呼叫系统，该系统应符合以下标准：

（1）居住者可以在居住单元内直接操作呼叫系统；

（2）应设置专员管理紧急呼叫系统，24h 保持警示功能；

（3）每个建筑物、楼层或建筑翼部都应设有单独的紧急呼叫系统。

4. 设置安全出口（4 分）

按照建筑设计防火规范设置安全出口，并符合如下要求：

（1）所有的安全门锁应从室内一侧容易单手操作，具有速释硬件，不需要钥匙。每扇门只设一个锁定装置。（1 分）

（2）安全门高度≥ 2m，向出口人流疏散方向开启，具有自动关闭装置且随时可开启。安全门应装有监控装置，在门开启时启动。（1 分）

（3）有标准的双向出口，且相距不超过 36m。（1 分）

（4）出口指示灯应始终开启，除了门上指示灯以外，应设置一个低位指示灯，距离地面 0.15m。（1 分）

5. 设置走廊扶手（4 分）

（1）走廊一侧距地面 0.9m 处设置扶手，且能够支撑 220kg 的集中负荷；走廊应有夜灯照明；走廊内不应有任何设备及其他障碍物。（3 分）

（2）走廊最窄处宽度应大于 1.5m。（1 分）

1.3.2　食品安全

要求

合理选择食品原料，在供应源头确保住区居民的食品卫生；在食品运输、贮存、加工、餐桌等各中间环节确保食品生产安全；完善食品管理责任制，做到全员参与管理，重点专人负责以及进行必要培训等。

评估要点

满分：30 分

1. 食品原料安全（10 分）

（1）应了解常见食品添加剂和防腐剂的作用，确保不采购影响居民健康的食品。（2 分）

（2）宜优先采购经过相关组织机构评定的优良原料，并备有相关采购纪录。（3 分）

（3）一经采购马上采取合理的保存措施，以免食品原料在运输和贮存过程中腐败、变质。（3 分）

（4）采购的原料经过验收并备有查验纪录后方可使用。（2 分）

2. 食品生产安全（10 分）

（1）各区域应保持足够的空间，以便于清洗保洁。（1 分）

（2）应对各运输、贮存、加工设备以及餐具进行分类消毒。（2 分）

（3）所有易腐烂变质并可导致污染的食物或饮料，应在适当温度下存放在特定容器。（2 分）

（4）农药及其他有毒物质不得存放在食品储藏室、厨房区或餐具的储藏位置附近。（1 分）

（5）肥皂、洗涤剂、清洁化合物或类似物品应分类放置且远离食品。（1 分）

（6）所有厨房区应保持清洁，无垃圾、老鼠、害虫等。（2 分）

（7）所有食品应防止被污染。被污染的食品一经发现应立即丢弃。（1 分）

3. 食品管理安全（10 分）

（1）进行定期培训，建立原料可追溯制度、菜单样本保留制度和审查制度等。（3 分）

（2）应考虑食品的文化性与功能性，如清真食品的管理和康复期居民的医疗改良饮食等。（2 分）

（3）应有备用餐厅以应对突发事件、轮班使用等，食品应能快速送达用餐区。（2 分）

（4）对于居民预定的食品菜单，应提前审核检验，以免损害老年人身体健康。（3 分）

1.3.3　医疗安全

要求

根据老年住区的特点和老年人的服务需求制定各项规章制度；通过严格执行查对制度，提高医务人员对老年人身份识别的准确性；保证每一位老年患者的用药安全；制订防范与减少患者跌倒事件的具体措施，保障老年患者在诊疗过程中的安全；针对老年痴呆症患者实行专门的安全保护；加强老年人自我保健健康教育。

评估要点

满分：40 分

1. 各项规章制度建全（7 分）

（1）查对制度。（1 分）

（2）用药安全教育。（1 分）

（3）手部卫生制度。（1 分）

（4）防范老人跌倒措施。（1 分）

（5）防范老人发生压疮措施。（1 分）

（6）保障老人健康有关规定。（1 分）

（7）护理人员配备有关规定。（1 分）

2. 严格执行查对制度（3 分）

（1）在标本采集，给药或输血等各类诊疗活动前，必须严格执行查对制度，做对“三查七对”（三查：操作前，操作时，操作后；七对：姓名、床号、药名、剂量、浓度、用法、时间）。（1 分）

（2）如遇无意识及无法对话老人，应备有电子信息腕带，以便查对。（1 分）

（3）完善关键流程的患者识别措施，即在各关键流程中，均有对老人准确性识别的具体措施、交接程序和记录文件。（1 分）

3. 提高用药安全（8 分）

（1）药柜内的药品存放、使用、限额定期检查，应有相应规范；存毒、剧麻醉药应符合法规要求，严格管理和登记。（1 分）

（2）有误用风险的药品管理制度 / 规范。（1 分）

（3）药柜内的注射药、内服药、外用药应严格分开放置。（1 分）

（4）所有处方或用药医嘱在转抄或执行时应有严格的核对程序，并有签字证明。（1 分）

（5）在开具与执行注射剂的医嘱或处方时要注意药物配伍禁忌。（1 分）

（6）完善输液配伍的安全管理，确认药物有无配伍禁忌，控制静脉输液流速，预防输液反应。（1 分）

（7）病区应建立药物使用后的不良反应的观察制度和程序，医师护士知晓并能执行这些观察制度和程序，并有文字证明。（1 分）

（8）应提供合理用药的方法与用药不良反应的咨询服务指导。（1 分）

4. 严格执行手部卫生（5 分）

（1）手部卫生：医务人员在以下 5 种情况下必须洗手或进行手消毒。A 接触病人前后；B 摘除手套后；C 进行侵入性操作前；D 接触病人体液、排泄物、粘膜破损的皮肤或者伤口敷料后；E 从病人脏的身体部位到干净的部位。（2 分）

（2）操作：医护人员在任何临床操作过程中应严格遵循无菌操作规范，保证临床操作的安全性。（1 分）

（3）器材：使用合格的无菌医疗器械。（1分）

（4）环境：有创操作的环境消毒，应当遵循医院感染控制的基本要求。（1分）

5. 防范老年患者跌倒（3分）

（1）护理服务人员应按国家规定配备，并具有一定资历。（1分）

（2）建立跌倒报告与伤情认定制度和程序。（1分）

（3）认真实施有效的跌倒防范制度与措施。（1分）

6. 防范与减少患者发生压疮（3分）

（1）建立压疮风险评估与报告制度和程序。（1分）

（2）认真实施有效的压疮防范制度和措施。（1分）

（3）有压疮诊疗与护理规范实施措施。（1分）

7. 老年痴呆症患者安全保护（4分）

（1）收住老年痴呆患者的机构应该能保证：A 制定专门的紧急避害计划；B 护理和服务人员经过专门培训（广泛的护理知识，识别会造成老年痴呆行为的症候群，识别常用的治疗老年痴呆症的药物的作用）；C 有充足的直接护理员工，少于16人的机构至少需一名夜间护理人员；D 每个患者都需有年检，相应的护理和照看计划应调整；E 应针对患者的身体活动和感官刺激的需要制定新的计划。（2分）

（2）应对相应设施加强安全保护：A 限制到达地点、暖气片、炉子；B 为痴呆老人设计的室外活动场地须易于管理、患者不易走失，住区出入门宜带有延迟关闭功能；C 游泳池和其他水体应设置护栏；D 危险物品应存放于特定地点并锁闭，使患者不得靠近；E 每个房间都要有应对火灾和其他危险情况的专门防范设施（如有安全防坠床、防跌倒、防烫伤的措施）。（1分）

（3）为确保痴呆老人安全，可使用腕带定位或其他报警装置。（1分）

8. 健康教育（4分）

（1）应设有健康教育课程，包含对老年人医疗护理安全的注意事项的教育。（1分）

（2）应对老年人进行健康知识、个人医疗护理安全知识及心理健康、饮食健康及医学应急知识的培训。（2分）

（3）应教育老年人患者在就诊时提供真实的病情信息，并告知其对诊疗服务质量与安全的重要性。（1分）

9. 与甲等医院签订合同（3 分）

（1）与附近甲等医院签订对口协议，建立绿色双向就诊通道。（1 分）

（2）与 120 或 999 签订对口协议，建立绿色双向转诊通道。（1 分）

（3）自备救护车，方便老年患者及时送诊。（1 分）

1.4　运营管理

科学完善的管理制度和运营机构的运营能力是养老住区成功运营和提高综合效益的保障。运营管理总分 100 分，其中运营机构管理 50 分、居住者管理 50 分。

1.4.1　运营机构管理

要求

建立科学完善的管理制度和服务标准体系，实施以岗位目标考核为准则的人员管理。提高运营机构的运营能力，以保障养老住区的有效运营和持续服务。

评估要点

满分：50 分

1. 制度建设（22 分）

（1）制定技术标准、管理标准、工作标准、服务流程或程序。服务流程应简洁、明了、完整，各环节接口明确、衔接紧密。（4 分）

（2）制定服务技术操作规范，并按规范要求提供服务。规范应包括：操作步骤、关键控制点及要求、必要的设施设备、时限或频次、记录要求、安全保障措施要求等。（3 分）

（3）应制定检查程序和要求。检查程序应包括：组织者、检查时间、依据、内容、方式、结果的表述与处理等。（3 分）

（4）应保留提供服务的文件和记录。记录应及时、准确、真实、完整，责任人签章应完整，受伤和死亡事故应及时向有关部门汇报并保留全部记录。（3 分）

（5）设立危机处理预案和流程。（3 分）

（6）建立服务投诉和持续改进程序。（3 分）

（7）各项制度、标准和流程应符合国家法律法规要求，形成体系，职责明确。（3 分）

2. 人员管理（16 分）

（1）编制岗位说明、任职要求及考核目标。（4 分）

<table>
<tr><td rowspan="3">岗位要求</td><td colspan="2">有全部工作人员、管理机构和决策机构的职责说明。</td></tr>
<tr><td colspan="2">有工作流程和组织结构图。</td></tr>
<tr><td colspan="2">有工作人员岗位职责和选聘、培训、考核、任免、奖惩等相关管理制度。</td></tr>
<tr><td rowspan="5">人员资质</td><td colspan="2">所有提供服务的人员均应按行业要求持证上岗，并掌握相应的知识和技能。员工持证上岗率达到 100%。</td></tr>
<tr><td>机构负责人</td><td>持有评定机构核发的养老服务机构执业证书并接受社会工作类专业知识的培训。或者具有相关专业大学专科及以上学历。</td></tr>
<tr><td>部门主管和专业技术人员</td><td>持有评定机构核发的养老服务机构执业证书，具有相应的业务知识和技能，专业技术人员应持有从业资格证书。</td></tr>
<tr><td>养老护理员</td><td>按照国家有关规定，经培训取得养老护理员职业资格证书。</td></tr>
<tr><td>其他人员</td><td>具有相应的业务知识和技能且熟练运用。从事国家规定职业（工种）的人员，必须持有相应的职业资格证书。厨房工作人员还应持有健康证。</td></tr>
</table>

（2）明确各岗位工作人员基本资质要求，具有犯罪背景调查程序。（4 分）

（3）遵照相关规定，采取有效措施，保证员工权益和身心健康。（4 分）

（4）制订人员培训和继续教育计划以及相应的考核晋级制度与流程。（4 分）

3. 人员培训（12 分）

（1）规定最低要求以及建立定期考评制度。（5 分）

（2）建立对培训的组织、实施、监督、检查等程序，确保培训的有效性。（4 分）

（3）根据国家和行业要求，按计划对各类人员实行继续教育和再注册工作，保留相应记录。（3 分）

1.4.2　居住者管理

要求

根据居住者的自身状况与支付能力，制定科学合理的服务方案；建立居住者个人档案信息库，为优化服务提供信息支撑；明确对居住者和监护人的服务要求及其应履行的权利、义务；明确运营机构和相关第三方的服务要求及应履行的权利、义务；调动居住者的热情和智慧，使之参与住区管理，改善运营机构与居住者之间的关系。

评估要点　　**满分：50分**

1. 居住者评估（8分）

（1）自身状况：对申请入住者的自身状况进行科学评估，以确定其是否符合入住条件。评估内容包括年龄、民族、语言、宗教信仰、健康状况等。（4分）

（2）监护人状况：确保紧急情况下可以联络到监护人，并履行相应的权利与义务。明确监护人的意愿，以及合理评估其对居住者的经济承担、履行监护义务的能力和主动性。（4分）

2. 服务规划（8分）

（1）根据居住者的自身状况，按照活力型、独立型、介助型、介护型、全护理型5种类型，提出服务方案建议，供居住者选择。（8分）

3. 档案管理（8分）

（1）建立居住者个人档案，包括入住协议书、申请书、健康检查资料及必要的信息资料，并保存完好。（2分）

（2）定期采集居住者如下信息入库：个人基本信息、个人生活信息、个人健康信息、个人养老需求、动态信息。（2分）

（3）科学分析居住者个人信息，根据动态信息情况，优化、调整对居住者的服务。（2分）

（4）在不涉及居住者隐私的前提下，合理共享居住者个人信息，向监护人提供必要信息，并在紧急情况下能及时向紧急救助机构提供必要信息。（2分）

4. 合同管理（16分）

（1）合同评审：确定运营机构及相关第三方提供服务的能力和住区履行义务的能力，确保合同的可执行性。主要内容包括：A服务要求的确定；B服务要求的内部审核；C沟通机制。（8分）

A服务要求的确定：包括为居住者提供服务项目的确定、与所提供服务有关的法律法规要求的确定、居住者和相关第三方应履行义务的确定。

B 服务要求的内部审核：养老住区运营机构应建立内部审核程序，评审相关的服务要求。评审应在运营机构向居住者做出提供服务的承诺之前进行。

C 沟通机制：明确规定沟通时间，以便居住者或相关第三方对服务信息、合同的处理（包括对其修改部分）提出意见和建议。

（2）合同变更：运营机构或相关第三方因服务能力变化，或因居住者服务需求的变化，进行合同变更。合同变更涉及的内容包括：合同内容、服务要求、收费标准的变更。变更合同中必须说明居住者应迁出特定居住单元的前提条件，如从独立生活转为介护。还应包括服务项目、费用、合同转让和终止的办法。任何合同的变更应经过双方协商解决。变更后的合同按合同评审程序重新进行评审。（5 分）

（3）合同强制性解除：由于居住者的自身健康状况变化，或发生不宜在养老住区中居住生活的情况，为确保居住者本人与其他居住者的利益，合同中应有可以强制性解除合约的条件、解除后的费用结算等内容。（3 分）

5. 居住者权利保障（10 分）

（1）组建居住者委员会参与住区日常管理。（1 分）

（2）建立居住者服务投诉解决通道。（1 分）

（3）为居住者组织各种兴趣俱乐部提供便利。（1 分）

（4）保障居住者的公民权利和尊重居住者的宗教信仰自由。（1 分）

（5）有与配偶合住的权利。（1 分）

（6）合住者能够自由选择室友。（1 分）

（7）保护居住者的隐私权。（1 分）

（8）有留宿客人的权利。（1 分）

（9）有自由使用个人物件的权利。（1 分）

（10）有收发邮件、电话通信的权利。（1 分）

1.5　运行效果评定

运行效果评定包括制度执行情况、服务质量、住区设施维护情况以及安全效果 4 方面的评定。运行效果评定总分 100 分，4 个方面各占 25 分。

1.5.1　制度执行情况

要求　　审查运营管理机构的制度建设情况，确保已按规定执行。

评估要点　　**满分：25 分**

1. 所有服务项目都按流程或程序执行，定期检查、核实。（10 分）
2. 评估目标：客户满意率≥ 90%；各种记录合格率≥ 95%；各种设备完好率≥ 90%；服务完成率达到 100%。（15 分）

1.5.2　服务质量

要求　　审查运营管理机构对居住者提供服务的质量状况。

评估要点　　**满分：25 分**

1. 设有服务信息管理系统，对机构的服务质量管理情况进行统计分析。（15 分）

具体要求如下：

提供服务完成率 100%；

生活护理合格率≥ 90%；

员工年度体检率达到 100%；

工作人员技术操作合格率≥ 90%；

老年人每年体检率 100%；

炊事人员每年体检合格率 100%；

专业人员培训合格率达到 100%。

2. 实施了具有服务投诉和持续改进的程序。（5 分）
3. 对智残、患有精神病和患有老年痴呆症的老人的护理和保护充分。（5 分）

1.5.3　住区设施维护情况

要求　　审查运营管理机构的环境、建筑和设备维护和运行情况。

评估要点　　**满分：25 分**

1. 建筑基地环境、建筑设计、建筑材料的选用等符合国标和本标准“住区设施”部分的规定并保证按标准实施。（3 分）

2. 每张床位绿化面积不应少于 $5m^2$；室内外环境空气质量标准应符合国标的规定；周围不应有强噪声源，其噪声标准应符合GB3096 中 0 类的规定。（5 分）
3. 紧急呼叫系统和电子监控设备运行良好。（3 分）
4. 居室和活动室采暖和空调效果满意。（4 分）
5. 有会议、阅读、娱乐、健身、康复等设施及服务，环境优雅、舒适，功能齐备，卫生、秩序良好。（4 分）
6. 厕位和无障碍厕位充足，设备齐全完好、卫生洁净，通风良好，温度适宜。（3 分）
7. 老年人活动场所的一切人工照明光线均匀、柔和，有应急照明灯和低位照明灯，双路供电或自备发电系统。（3 分）

1.5.4　安全效果

要求

审查各项安全设施的运行和制度的实行情况。

评估要点

满分：25 分

1. 消防器材配备合理，消防设施有效。（3 分）
2. 消防自动报警系统运行良好。（3 分）
3. 无障碍电梯和通道有效运行。（3 分）
4. 应急发电机有效运行。（3 分）
5. 食物中毒发生率 0。（3 分）
6. Ⅱ度压疮发生率 0。（3 分）
7. 常规物品消毒合格率 100%。（3 分）
8. 未有智残和患有精神病、老年痴呆症的老年人走失或出现危险。（4 分）

1.6　养老住区技术评估方法

养老住区技术评估包括住区设施、养老服务、安全保护、运营管理和运行效果评定 5 个子项，每个子项满分均为 100 分，总分为500 分。详见本节后面所附评分表。

1.6.1　评分原则

1. 按照第 1.1~1.5 节评估要点逐条进行评分。

2. 对于具有明确量化指标的措施，完全依据量化指标进行评分。
3. 对于无法量化的措施，依据评分原则和专家经验进行评分。
4. 各评估要点的最终得分取各评估专家评分的算术平均值。
5. 按子项对各评估要点的得分进行累计，得到单项总分（满分100分）。
6. 对各子项得分进行累计，得到项目总分（满分500分）。

1.6.2　评估方法

1. 评估方式分项目评估、单项评估两种。
2. 项目评估是包括各单项的全程评估。符合养老住区示范项目要求的参评项目其单项总得分必须达到60分（含）以上，其项目总得分必须达到350分（含）以上。
3. 参加单项评估的项目（如只参评“住区设施”子项或“养老服务”子项），符合单项养老示范要求其得分须达到70分以上。

住区设施评分（100分）　　**表1-1**

项目	评估要点	满分	得分
住区公共空间和公共设施（30分）	1. 公共空间应有用餐功能和休闲功能	4	
	2. 厨房和餐厅设施应能够为内部居住者服务	3	
	3. 每座餐厅面积≥ $2m^2$；休闲空间面积居住者人均不低于 $1.5m^2$	3	
	4. 为25人（含）以上居住者服务的休闲空间应设置两个以上的房间	2	
	5. 用于管理、睡眠或通道的空间不应做餐厅或休闲空间	2	
	6. 提供足够的存储空间，为医药用品提供锁定区域	4	
	7. 为居住者提供辅助行动和生活的设备，如轮椅、步行器、床、床垫等服务设施和设备	5	
	8. 公共空间应为无障碍	4	
	9. 有公用电话和网络设施	3	
居住单元（25分）	10. 保障居住者的私密性，一间卧室最多为两人合住	4	
	11. 卧室面积：单人间≥ $12m^2$，双人间≥ $16m^2$。卧室中应配置舒适的床具。应能提供轮椅或步行机等辅助设备	5	
	12. 除临时客人之外，居住者不与工作人员或其他人员共用卧室	3	
	13. 居住单元应有可锁的门和独立控制的温控器	4	
	14. 卧室中应配备足够的衣物和个人物品存储壁橱和抽屉，每个居住者应至少有 $1m^2$ 的抽屉空间	4	
	15. 房间进出、内外使用空间均为无障碍	5	
浴室/卫生间（25分）	16. 每两个居住者至少有一套卫生间，洗手盆每人一个，洗手台长度每人≥900mm。鼓励每个卧室有一套浴室/卫生间	4	
	17. 浴室和卫生间设计具有良好的私密性	3	
	18. 坐便器、浴盆和淋浴器旁设有攀抚的把手	3	
	19. 至少有一套能由辅助人员帮助居住者使用的卫浴间	3	
	20. 卫浴间必须是无障碍的，且便于身有残疾者使用	3	
	21. 浴室不得用于其他用途	2	
	22. 浴室地面必须防滑、防水	4	
	23. 冷、热水水龙头应有明显的识别标志	3	
照明通风等设施（20分）	24. 一般照明、卫浴照明、阅读照明、走廊、厨房和食品准备区域的照明应充足，其照度标准应高于居住建筑照度标准的10%左右，在公共场所等处设有应急照明	4	
	25. 各空间均应有供暖系统，保证冬季室温维持在22℃～24℃	5	
	26. 卧室、起居室和用餐区域应配置空调或电风扇，保证夏季室温不超过28℃	5	
	27. 厨房和食品准备区域应有良好的通风，且应远离可能引起食品污染的场所。厨房需设置排油烟设施	3	
	28. 卫浴间应设机械通风系统，通风量≥ $0.06m^3/min$	3	

养老服务评分（100分）　　**表1-2**

项目	评估要点		满分	得分
服务内容（80分）	日常生活服务（20分）	1. 个人生活照料服务	4	
		2. 受伤预防措施	4	
		3. 膳食服务	4	
		4. 家居服务	4	
		5. 物业管理维修服务	4	
	家政服务（20分）	6. 环境卫生服务	3	
		7. 洗衣服务	2	
		8. 咨询服务	3	
		9. 通讯服务	2	
		10. 送餐服务	3	
		11. 购物服务	3	
		12. 代办服务	2	
		13. 交通服务	2	
	健康医疗（20分）	14. 老年护理服务	4	
		15. 心理 / 精神支持服务	3	
		16. 协助医疗护理服务	4	
		17. 医疗保健服务	3	
		18. 陪同就医服务	3	
		19. 为老年痴呆症患者提供所需的服务	3	
	社交、娱乐与教育（20分）	20. 休闲娱乐服务	12	
		21. 教育服务	8	
服务供应商管理（20分）	22. 服务商遴选（包括对服务供应商的资质、经验、经济与规模实力以及持续服务与永续经营能力的考察；服务供应商遴选的程序与办法；与服务商的合作方式选择）		10	
	23. 服务商考核（服务商的考核周期、考核办法、考核结果和奖惩措施）		10	

注：各项服务的详细内容参见正文

安全保护评分（100分）　　**表1-3**

<table>
<tr><th>项目</th><th colspan="2">评估要点</th><th>满分</th><th>得分</th></tr>
<tr><td rowspan="15">消防安全（30分）</td><td rowspan="4">设置烟雾探测器和喷淋系统（10分）</td><td>1. 所有走廊应安装燃烧产品（烟雾）U/L 型探测器，并与消防警报系统相互连接，探测器的间距不得超过 18m，并且与任何一端墙的距离不得超过 9m</td><td>3</td><td></td></tr>
<tr><td>2. 所有的储存室、厨房、客厅、餐厅以及洗衣房应安装热探测器或燃烧产品探测器，并与消防警报系统相互连接</td><td>3</td><td></td></tr>
<tr><td>3. 应在楼梯最前面、每个居住房间内以及走廊中安装烟雾探测器</td><td>2</td><td></td></tr>
<tr><td>4. 须设置自动喷淋系统</td><td>2</td><td></td></tr>
<tr><td rowspan="4">设置应急电源（8分）</td><td>5. 消防报警系统、烟雾探测系统、热探测系统以及应急照明应有应急电源</td><td>4</td><td></td></tr>
<tr><td>6. 火灾探测和报警系统的应急电源若为手动启动，应能够 24h 监控建筑物，报警时长应超过 5min</td><td>2</td><td></td></tr>
<tr><td>7. 应急灯的应急电源应为手动启动发电机，当日常电源故障时，能够提供 3~12h 的照明</td><td>2</td><td></td></tr>
<tr><td>8. 如果应急电源为电池系统，无第 7、8 款要求</td><td>4</td><td></td></tr>
<tr><td>设置呼叫系统（4分）</td><td>9. 有 10 个或更多居住者的场所以及所有独立居住设施内应设置智能型无线呼叫系统，该系统应符合以下标准：
（1）居住者可在居住单元内直接操作呼叫系统
（2）应设置专员管理紧急呼叫系统，24h 保持警示功能
（3）每个建筑物、楼层或建筑翼部都应设有单独的紧急呼叫系统</td><td>4</td><td></td></tr>
<tr><td rowspan="4">设置安全出口（20分）</td><td>10. 所有的安全门锁应从室内一侧容易单手操作，使用速释硬件，不需要钥匙。每扇门只设一个锁定装置</td><td>1</td><td></td></tr>
<tr><td>11. 安全门高度≥ 2m、向出口人流疏散方向开启、具有速释硬件、具有自动关闭装置且随时可开启。安全门应装有监控装置，在门开启时启动</td><td>1</td><td></td></tr>
<tr><td>12. 有标准的双向出口，且相距不超过 36m</td><td>1</td><td></td></tr>
<tr><td>13. 出口指示灯须始终开启，除了门上指示灯以外，须设置一个低位标志指示灯，距离地面 0.15m</td><td>1</td><td></td></tr>
<tr><td rowspan="2">设置走廊扶手（4分）</td><td>14. 走廊一侧距地面 0.9m 处设置扶手，且能够支撑 220kg 的集中负荷；走廊应有夜灯照明；走廊内不应有任何设备及其他障碍物</td><td>3</td><td></td></tr>
<tr><td>15. 走廊最窄处宽度应大于 1.5m</td><td>1</td><td></td></tr>
<tr><td rowspan="4">食品安全（30分）</td><td rowspan="4">食品原料安全（10分）</td><td>16. 应了解常见食品添加剂和防腐剂的作用，确保不采购影响居民健康的食品</td><td>2</td><td></td></tr>
<tr><td>17. 宜优先采购经过相关组织机构评定的优良原料，并备有相关采购纪录</td><td>3</td><td></td></tr>
<tr><td>18. 一经采购马上采取合理的保存措施，以免食品原料运输过程中腐败、变质</td><td>3</td><td></td></tr>
<tr><td>19. 采购的原料经过验收并备有查验纪录后方可使用</td><td>2</td><td></td></tr>
</table>

续表

项目	评估要点		满分	得分
食品安全（30分）	食品生产安全（10分）	20. 各区域应保持足够的空间，以便于清洗保洁	1	
		21. 应对各运输、贮存、加工设备以及餐具进行分类消毒	2	
		22. 所有易腐烂变质并可导致污染的食物或饮料，应在适当温度下存放在特定容器	2	
		23. 农药及其他有毒物质不得存放在食品储藏室、厨房区或餐具的储藏位置附近	1	
		24. 肥皂、洗涤剂、清洁化合物或类似物品应分类放置且远离食品	1	
		25. 所有厨房区应保持清洁，无垃圾、老鼠、害虫等	2	
		26. 所有食品应防止被污染。被污染的食品一经发现应立即丢弃	1	
	食品管理安全（10分）	27. 进行定期培训，建立原料可追溯制度、菜单样本保留制度和审查制度等	3	
		28. 应考虑食品的文化性与功能性，如清真食品的管理和康复期居民的医疗改良饮食等	2	
		29. 应有备用餐厅以应对突发事件、轮班使用等，食品应能快速送达餐区	2	
		30. 对于定制食品菜单的居民，进行提前审核检验以免损害老年人身体健康	3	
医疗安全（40分）	各项规章制度健全（7分）	31. 查对制度	1	
		32. 用药安全教育	1	
		33. 手部卫生制度	1	
		34. 防范老人跌倒措施	1	
		35. 防范老人发生压疮措施	1	
		36. 保障老人健康有关规定	1	
		37. 护理人员配备有关规定	1	
	严格执行查对制度（3分）	38. 在标本采集，给药或输血等各类诊疗活动前，必须严格执行查对制度，做对“三查七对”	1	
		39. 如遇无意识及无法对话老人，应备有电子信息腕带，以便查对	1	
		40. 完善关键流程的患者识别措施，即在各关键流程中，均有对老人准确性识别的具体措施、交接程序和记录文件	1	
	提高用药安全（8分）	41. 药柜内的药品存放、使用、限额定期检查，应有相应规范；存毒、剧麻醉药应符合法规要求，严格管理和登记	1	
		42. 有误用风险的药品管理制度 / 规范	1	
		43. 药柜内的注射药、内服药、外用药应严格分开放置	1	
		44. 所有处方或用药医嘱在转抄或执行时应有严格的核对程序，并有签字证明	1	
		45. 在开具与执行注射剂的医嘱或处方时要注意药物配伍禁忌	1	

续表

项目	评估要点		满分	得分
医疗安全（40分）	提高用药安全（8分）	46. 完善输液配伍的安全管理，确认药物有无配伍禁忌，控制静脉输液流速，预防输液反应	1	
		47. 病区应建立药物使用后的不良反应的观察制度和程序，医师护士知晓并能执行这些观察制度和程序，并有文字证明	1	
		48. 应提供合理用药的方法与用药不良反应的咨询服务指导	1	
	严格执行手部卫生（5分）	49. 手部卫生：医务人员在以下5种情况下必须洗手或进行手消毒。A接触病人前后，B摘除手套后，C进行侵入性操作前，D接触病人体液、排泄物、粘膜破损的皮肤或者伤口敷料后，E从病人脏的身体部位到干净的部位	2	
		50. 操作：医护人员在任何临床操作过程中应严格遵循无菌操作规范，保证临床操作的安全性	1	
		51. 器材：使用合格的无菌医疗器械	1	
		52. 环境：有创操作的环境消毒，应当遵循医院感染控制的基本要求	1	
	防范老年患者跌倒（3分）	53. 护理服务人员应按国家规定配备，并具有一定资历	1	
		54. 建立跌倒报告与伤情认定制度和程序	1	
		55. 认真实施有效的跌倒防范制度与措施	1	
	防范与减少患者发生压疮（3分）	56. 建立压疮风险评估与报告制度和程序	1	
		57. 认真实施有效的压疮防范制度和措施	1	
		58. 有压疮诊疗与护理规范实施措施	1	
	老年痴呆症患者安全保护（4分）	59. 收住老年痴呆患者的机构应该能做到5项要求（5项要求参见正文部分）	2	
		60. 应对相应设施加强安全保护（相应设施参见正文部分）	1	
		61. 为确保痴呆老人安全，可使用腕带定位或其他报警装置	1	
	健康教育（4分）	62. 应设有健康教育课程，包含对老年人医疗护理安全的注意事项的教育	1	
		63. 应对老年人进行健康知识、个人医疗护理安全知识及心理健康、饮食健康及医学应急知识的培训	2	
		64. 应教育老年人患者在就诊时提供真实的病情信息，并告知其对诊疗服务质量与安全的重要性	1	
	与甲等医院签订合同（3分）	65. 与附近甲等医院签订对口协议，建立绿色双向就诊通道	1	
		66. 与120或999签订对口协议，建立绿色双向转诊通道	1	
		67. 自备救护车，方便老年患者及时送诊	1	

运营管理评分（100分）　表1-4

项目	评估要点		满分	得分
运营管理机构（50分）	制度建设（22分）	1. 制定技术标准、管理标准、工作标准、服务流程或程序。服务流程应简洁、明了、完整，各环节接口明确、衔接紧密	4	
		2. 制定服务技术操作规范，并按规范要求提供服务。规范应包括：操作步骤、关键控制点及要求、必要的设施设备、时限或频次、记录要求、安全保障措施要求等	3	
		3. 应制定检查程序和要求。检查程序应包括：组织者、检查时间、依据、内容、方式、结果的表述与处理等	3	
		4. 应保留提供服务的文件和记录。记录应及时、准确、真实、完整，责任人签章应完整，受伤和死亡事故应及时向有关部门汇报并保留全部记录	3	
		5. 设立危机处理预案和流程	3	
		6. 建立服务投诉和持续改进程序	3	
		7. 各项制度、标准和流程应符合国家法律法规要求，形成体系，职责明确	3	
	人员管理（16分）	8. 编制岗位说明、任职要求及考核目标	4	
		9. 明确各岗位工作人员基本资质要求，具有犯罪背景调查程序	4	
		10. 遵照相关规定，采取有效措施，保证员工权益和身心健康	4	
		11. 制订人员培训和继续计划以及相应的考核晋级制度与流程	4	
	人员培训（12分）	12. 规定最低要求以及建立定期考评制度	5	
		13. 建立对培训的组织、实施、监督、检查等程序，确保培训的有效性	4	
		14. 根据国家和行业要求，按计划对各类人员实行继续教育和再注册工作，保留相应记录	3	
居住者管理（50分）	居住者评估（8分）	15. 自身状况：对申请入住者的自身状况进行科学评估，以确定其是否符合入住条件。评估内容包括年龄、民族、语言、宗教信仰、健康状况等	4	
		16. 监护人状况：确保紧急情况下可以联络到监护人，并履行相应的权利、义务。明确监护人的意愿，以及合理评估其对居住者的经济承担、履行监护义务的能力和主动性	4	
	服务规划（8分）	17. 根据居住者的自身状况，按照活力型、独立型、介助型、介护型、全护理型5种类型，提出服务方案建议，供居住者选择	8	
	档案管理（8分）	18. 建立居住者个人档案，包括入住协议书、申请书、健康检查资料及必要的信息资料，并保存完好	2	
		19. 定期采集居住者如下信息入库：个人基本信息、个人生活信息、个人健康信息、个人养老需求、动态信息	2	

续表

项目	评估要点		满分	得分
居住者管理（50分）	档案管理（8分）	20. 科学分析居住者个人信息，根据动态信息情况，优化、调整对居住者的服务	2	
		21. 在不涉及居住者隐私的前提下，合理共享居住者个人信息，向监护人提供必要信息，并在紧急情况下能及时向紧急救助机构提供必要信息	2	
	合同管理（16分）	22. 合同评审管理	8	
		23. 合同变更管理	5	
		24. 合同强制性解除管理	3	
	居住者权利保障（10分）	25. 组建居住者委员会参与住区日常管理	1	
		26. 建立居住者服务投诉解决通道	1	
		27. 为居住者组织各种兴趣俱乐部提供便利	1	
		28. 保障居住者的公民权利和尊重居住者宗教信仰自由	1	
		29. 有与配偶合住的权利	1	
		30. 合住者能够自由选择室友	1	
		31. 保护居住者的隐私权	1	
		32. 有留宿客人的权利	1	
		33. 有自由使用个人物件的权利	1	
		34. 有收发邮件、电话通讯的权利	1	

运行效果评分（100分）　　表1-5

项目	评估要点	满分	得分
制度执行情况（25分）	1. 所有服务项目都按流程或程序执行，定期检查、核实	10	
	2. 评估目标：客户满意率≥90%；各种记录合格率≥95%；各种设备完好率≥90%；服务完成率达到100%	15	
服务质量（25分）	3. 设有服务信息管理系统，对机构的服务质量管理情况进行统计分析（分析具体内容参见正文）	15	
	4. 实施了具有服务投诉和持续改进的程序	5	
	5. 对智残、患有精神病和患有老年痴呆症的老人的护理和保护充分	5	
住区设施维护情况（25分）	6. 建筑基地环境、建筑设计、建筑材料的选用等符合国标和本标准“住区设施”部分的规定并保证按标准实施	3	
	7. 每张床位绿化面积不应少于5m²；室内外环境空气质量标准应符合国标的规定；周围不应有强噪声源，其噪声标准应符合GB3096中0类的规定	5	
	8. 紧急呼叫系统和电子监控设备运行良好	3	
	9. 居室和活动室采暖和空调效果满意	4	
	10. 有会议、阅读、娱乐、健身、康复等设施及服务，环境优雅、舒适，功能齐备，卫生、秩序良好	4	
	11. 厕位和无障碍厕位充足，设备齐全完好、卫生洁净，通风良好，温度适宜	3	
	12. 老年人活动场所的一切人工照明光线均匀、柔和，有应急照明灯和低位照明灯，双路供电或自备发电系统	3	
安全效果（25分）	13. 消防器材配备合理，消防设施有效	3	
	14. 消防自动报警系统运行良好	3	
	15. 无障碍电梯和通道有效运行	3	
	16. 应急发电机有效运行	3	
	17. 食物中毒发生率0	3	
	18. Ⅱ度压疮发生率0	3	
	19. 常规物品消毒合格率100%	3	
	20. 未有智残和患有精神病、老年痴呆症的老年人走失或出现危险	4	

第二章　绿色低碳技术评估

本章系中国绿色养老住区联合评估认定体系的第二个组成部分。

绿色低碳技术评估重点关注养老住区在绿色低碳技术方面的应用情况，分住区规划与住区环境、能源与环境、室内环境质量、住区水环境、材料与资源和运行管理6个方面，给出了绿色低碳技术评价指标，并在此基础上可以对养老住区做出减碳量化的评价。

绿色低碳技术评估体系详细内容可参考《中国绿色低碳住区技术评估手册》（版本5/2011），评估内容分必备条件审核、规划设计阶段评估和验收阶段评估。为便于操作，本章以打分表形式给出绿色低碳评估体系6个方面的评价指标。

2.1　住区规划与住区环境

2.1.1　住区规划与住区环境必备条件审核

必备条件审核旨在对参评项目是否满足国家法规、标准和规范要求，以及是否符合绿色建筑基本要求进行审核。不符合必备条件中的任何一条，都不能参加绿色养老住区的评估。住区规划与住区环境必备条件审核内容如表2-1所示。

住区规划与住区环境必备条件审核　　**表2-1**

项目	★必备条件	所属阶段	审核
住区选址和规划	1. 禁止非法占用耕地、林地、绿地、湿地、自然保护区和濒危动物栖息地	规划设计	
	2. 建设用地应在城市水源保护区之外	规划设计	
	3. 场地内如有已被认定为各级文物的建筑物和其他文化遗产，应采取主动保护的措施，或采取国家认可的重建和其他复原措施	规划设计	

续表

项目	★必备条件	所属阶段	审核
住区选址和规划	4. 场地内如发现具有文物价值、但尚未得到正式认证的建筑物和其他文化遗产，应在采取保护措施的同时，及时向有关主管部门报告，确定有效的保护办法，并加以实施	验收	
	5. 选址应避免位于污染源的下风或下游方向。保证空气和水的安全、卫生、清洁；避免噪声、光等因素带来的污染；室外空气质量、水质、环境噪声、场地电磁辐射和土壤氡浓度应当符合国家相应标准的规定	规划设计 / 验收	
	6. 住区规划的建筑密度、容积率和绿地率应符合城市控制性详细规划所规定的指标	规划设计	
	7. 分析住区用地的地质与水文状况，用地应位于洪水水位之上（或有可靠的城市防洪设施）	规划设计	
住区交通	8. 住区周围应至少有一条公共交通线路	规划设计	
住区绿化	9. 绿地率大于 35%，绿地本身的绿化覆盖率大于 70%	规划设计	
住区空气质量	10. 减少住区集中污染源排放的污染物，实际测定空气中有害物质的含量不超标。对锅炉、垃圾处理设施、污水处理设施等污染源进行治理	规划设计 / 验收	
住区声环境	11. 住区环境噪声应符合《城市区域噪声标准》GB 3096 的要求，白天≤ 55dB（A），夜间≤ 45dB（A）	规划设计 / 验收	
住区日照与光环境	12. 住区规划符合当地的日照间距标准，日照标准符合《城市居住区规划设计规范》（GB50180）和当地的规定。旧区改造可酌情降低，但不应低于大寒日日照 1h 的标准	规划设计	

2.1.2　规划设计阶段住区规划与住区环境评分

规划设计阶段住区规划与住区环境评分如表 2-2 所示。

规划设计阶段住区规划与住区环境评分（100分）　　**表2-2**

项目	措施与评分	满分	得分
住区选址和规划（26 分）	1. 在健康安全评估的前提下，使用废弃土地进行改良、开发 （注：如未使用废弃土地，该措施分值均分给 2 和 3）	2	
	2. 尽可能保持和利用原有地形、地貌和水体水系	2	
	3. 对自然水系和形态作出评估，保证住区建设不会破坏自然水系	2	
	4. 采取有效措施，减少因开发而引起对环境的负面影响	2	
	5. 规划和建筑设计要尊重周围的城市空间和城市文脉，建筑风格、建筑高度等要与周围环境相协调	2	
	6. 重视城市中老化的居住区和危旧房改造以及城市产业调整中工厂搬迁后的土地利用 （注：如非拆迁用地，该措施分值均分给 7 和 12）	1	
	7. 充分利用原基础设施，提高其使用效率	1	

续表

项目	措施与评分	满分	得分
住区选址和规划（26分）	8. 合理确定户外活动场地和空地率，充分利用地下空间	2	
	9. 适当确定中、小户型的比例，以有限的土地资源解决更多人的居住问题	3	
	10. 对住区防御疫病的条件作出分析，落实疫情发生时的应对措施	2	
	11. 运用新技术、新材料提高住区防灾的能力	1	
	12. 在逃离、避难等方面具有明显优势，如小区公共绿地或场地可兼作避难场所，或靠近城市避难场所	2	
	13. 住区规划应做好竖向设计，减少土方输入、输出，尽量就地平衡	2	
	14. 规划中的住区道路系统为兼作施工道路提供了可能性	2	
住区交通（14分）	15. 最近公交站点距住区出入口步行时间少于5min（约400m）	2	
	16. 住区内学校、幼儿园、社区中心、商业服务设施等公用建筑需合理布局，避免交通拥挤，并设置专用的步行道	2	
	17. 住区内部公共交通使用以清洁能源为动力的机动车，实现低碳交通	2	
	18. 住区内主要道路和所有的交叉口，设置无障碍设施	2	
	19. 机动车地面停车位占停车位总数的比例应符合当地规定，但不得高于30%	2	
	20. 室外停车场地应结合绿化，设置绿荫停车位。采用透水地面，利于雨水渗透	2	
	21. 完善的无障碍交通设计，如出入住宅以及住宅内部均作无障碍交通设计	2	
住区绿化（15分）	22. 对建设用地中已有的古树、名木及成材树木采取原地保护措施，对无法原地保留的成材树木进行移植保护 （注：如场地内没有古树，该措施分值均分给23和24）	2	
	23. 水景的面积要适当，要与可供补水量相适应，避免过分挤占绿地面积	2	
	24. 选择适合当地生长、能降尘、降噪和能杀菌、吸收有毒气体的树种	2	
	25. 树种搭配合理。乔木量≥3株/100m^{2}绿地，立体或复层种植群落占总绿地面积≥20%。木本植物种类：三北地区≥40种，华中、华东地区≥50种，华南、西南地区≥60种	4	
	26. 计算不同绿化方式对二氧化碳的固定量，择其优者实施	3	
	27. 设置屋顶绿化和垂直绿化	2	
住区空气质量（8分）	28. 避免不利于空气流通的建筑布局，避免相邻住户外窗近距离相对的窄缝凹口和内天井等	3	
	29. 减少住区分散污染源排放的污染物，汽车、抽油烟机、壁挂炉等的排放不超标，并有利于扩散	3	
	30. 对其他非燃烧废弃物的排放进行治理和控制	2	

续表

项目	措施与评分	满分	得分
住区声环境（8分）	31. 采用适当的隔离或降噪措施（如绿化隔离带和声屏障），降低住区外界的各种噪声影响，临街住户的噪声水平优于国家标准	3	
	32. 建筑布局要有利于减小人员活动噪声对居住生活的影响	2	
	33. 有噪声源和对噪声敏感的建筑物在总平面布置上位置适当，并采取消声降噪措施	3	
住区日照与光环境（9分）	34. 保证公共活动区域大寒日≥ 60% 的区域获得不少于 1h 连续日照	3	
	35. 室外照明规划满足基本要求，无光污染	3	
	36. 起居室和卧室尽可能获得充足的日照，在采暖地区，尽量利用日照作为冬季采暖的补充	3	
住区微环境（20分）	37. 夏季典型日的平均热岛强度≤ 1.5℃	3	
	38. 夏季典型日的室外热舒适指标——湿球黑球温度（WBGT：Wet-Bulb-Globe Temperature）符合舒适标准，即 WBGT ＜ 32℃	3	
	39. 为硬质地面和不透水地面提供遮阳（至少 30%），减少太阳辐射热的吸收量	2	
	40. 采用反射率适当的地面铺装材料和屋面材料，或者将不少于 30% 的平屋面做成植被屋面	2	
	41. 利用适应当地气候条件的树木、大灌木丛、植被格栅或者其他植被覆盖的构筑物提供遮阳	2	
	42. 提高基地的保水性能，减少不透水地面的比例，停车场、人行道、广场等可以采用渗透砖等措施提高其透水性；雨水的基地保水指标符合 $\gamma \geq 0.8$（γ = 住区建成后的保水率 / 原土地保水率）	3	
	43. 根据当地的风玫瑰图，对风环境进行典型气象条件的模拟预测，优化规划设计方案，并达到以下指标：（1）在建筑物周围行人区 1.5m 高度的风速小于 5m/s；（2）建筑物前后压差在冬季不大于 5Pa；（3）75% 以上的板式建筑前后压差在夏季保持 1.5Pa 左右，避免出现局部漩涡和死角，保证室内有效的自然通风	5	

2.1.3 验收阶段住区规划与住区环境评分

验收阶段住区规划与住区环境评分如表 2-3 所示。

验收阶段住区规划与住区环境评分（100分）　　**表2-3**

项目	措施与评分	满分	得分
住区区位选址和规划（30分）	1. 场地及周边的生态环境质量没有因建设而降低	2	
	2. 场地及周边的生物多样性和生存条件未破坏，并得到适当改善	2	
	3. 充分利用了原有地形、地貌，保护了原有水体水系	4	
	4. 地下水位未因住区用水造成下降	2	

续表

项目	措施与评分	满分	得分
住区区位选址和规划（30分）	5. 建筑风格与城市文脉相协调	3	
	6. 为居民提供了便于使用的室外活动场地和交流场所	4	
	7. 中小户型比例适当	4	
	8. 住区在防疫、逃离、避难设施方面有明显优势	3	
	9. 做到土方量就地平衡	3	
	10. 施工道路利用了规划的住区道路系统	3	
住区交通（15分）	11. 住区周边有便利的城市公共交通设施	3	
	12. 有便利的机动车和自行车停车场	3	
	13. 如住区内部设有公共交通，使用以清洁能源为动力的机动车	3	
	14. 住区内和住宅内，实现了老人和残疾人通行的无障碍化	3	
	15. 室外停车场地做成透水性好的地面，可为75%以上的地面停车位提供绿荫遮阳	3	
住区绿化（15分）	16. 原有古树、名木和成材林木得到了妥善保护 （注：住区内没有古树、名木和成材林木时，该措施分值均分给17、18和19）	3	
	17. 绿地率达到了生态设计要求，且乔木覆盖率高	3	
	18. 绿化方式多样，植物种类搭配合理	3	
	19. 绿化可较好地实现防尘、降噪、净化空气和固定二氧化碳等生态效益	3	
	20. 植物的成活率高，种植保存率大于98%，优良率大于90%	3	
住区空气质量（6分）	21. 住区内部集中污染源（如垃圾处理设施、污水处理设施等）的污染排放得到有效控制，住区附近无污染散发源	3	
	22. 住区内机动车、家用油烟机等分散污染源的污染排放得到有效控制	3	
住区声环境（6分）	23. 实测室外环境噪声符合国家标准《城市区域环境噪声标准》GB3096中I类区标准要求：白天：$L_{Aeq} \leqslant 55$dB（A），夜间：$L_{Aeq} \leqslant 45$dB（A）	3	
	24. 采取了适当的隔离或降噪措施（如绿化隔离带和声屏障），使临街住户的噪声水平优于国家标准	3	
住区日照与光环境（6分）	25. 通过对典型楼栋居住空间的实测或计算，验证是否符合有关日照标准	3	
	26. 道路照明有足够照度，亮度均匀性好，无眩光干扰，有良好的视觉诱导；在道路交汇处设有重点照明	3	

续表

<table>
<tr><th>项目</th><th colspan="2">措施与评分</th><th>满分</th><th>得分</th></tr>
<tr><td rowspan="9">住区
微环境
（22 分）</td><td colspan="2">27. 夏季典型日实测日平均热岛强度≤ 1.5℃</td><td>3</td><td></td></tr>
<tr><td colspan="2">28. 夏季典型日实测湿球黑球温度 WBGT < 32℃</td><td rowspan="4">4</td><td rowspan="4"></td></tr>
<tr><td>WBGT 值</td><td>评分</td></tr>
<tr><td>29℃≤ WBGT < 32℃</td><td>2</td></tr>
<tr><td>WBGT < 29℃</td><td>4</td></tr>
<tr><td colspan="2">29. 典型气象条件下，建筑物周围行人区 1.5m 高度处的风速 <5m/s</td><td>5</td><td></td></tr>
<tr><td colspan="2">30. 冬季建筑物前后压差≤ 5Pa</td><td>5</td><td></td></tr>
<tr><td colspan="2">31. 夏季 75% 以上的板式建筑前后压差≥ 1.5Pa，局部无漩涡和死角</td><td>5</td><td></td></tr>
</table>

2.2 能源与环境

2.2.1 能源与环境必备条件审核

能源与环境必备条件审核如表 2-4 所示。

能源与环境必备条件审核　　表2-4

项目	★必备条件	所属阶段	审核
建筑主体节能	1. 建筑围护结构设计应符合国家与地方现行建筑节能标准中的相关规定	规划设计	
	2. 按照不同建筑气候区（建筑热工设计分区），合理控制住宅不同朝向的窗墙比，提高围护结构保温隔热性能，保证建筑物全年耗热量指标（Q_h）、耗冷量指标（Q_c）不高于参照建筑	规划设计	
常规能源系统优化利用	3. 冷热源的能量转换效率 ECC 不低于该地区规定的限值	规划设计	
	4. 空调设备能源效率等级达到或优于国家相关空调设备能效限定值及能源效率等级标准中 2 级的要求	规划设计 / 验收	
	5. 集中采暖空调系统合理划分和均匀布置环路，并配置必要的水力平衡装置，保证管网和室内管道水力平衡	规划设计	
	6. 输配系统的输配系数 TDC 不低于 3	规划设计	
	7. 住区不得设置专门集中制备生活热水的锅炉房（做为集中式太阳能热水系统的辅助热源时除外）	规划设计	
能耗对环境的影响	8. 污染物排放符合国家及地方相关标准	规划设计	
	9. 空调制冷设备和消防设备中不采用含 CFC（全卤化氯氟烃）的制冷剂	规划设计	
	10. 单位建筑面积的 CO_2、NO_x、SO_x、总悬浮颗粒物（TSP）等年排放指标不高于参照建筑基准值	规划设计	
	11. 单位建筑面积的建筑物夏季排热量指标不高于参照建筑基准值	规划设计	

2.2.2 规划设计阶段能源与环境评分

规划设计阶段能源与环境评分如表 2-5 所示。

规划设计阶段能源与环境评分（100分）　　**表2-5**

<table>
<tr><th>项目</th><th colspan="5">措施与评分</th><th>满分</th><th>得分</th></tr>
<tr><td rowspan="8">建筑主体节能（32 分）</td><td colspan="5">1. 以建筑全年耗热量（Q_h）、耗冷量（Q_c）低于参照建筑的百分比作为评估指标，定义为：
$$\varphi=\left(1-\frac{Q_c+Q_h}{Q_{rc}+Q_{rh}}\right)\times 100\%$$</td><td rowspan="7">30</td><td rowspan="7"></td></tr>
<tr><td colspan="2">严寒和寒冷地区</td><td>评分</td><td>其他地区</td><td>评分</td></tr>
<tr><td colspan="2">$\varphi=0$</td><td>10</td><td>$\varphi=0$</td><td>15</td></tr>
<tr><td colspan="2">$0<\varphi<10\%$</td><td>15</td><td>$0<\varphi<15\%$</td><td>20</td></tr>
<tr><td colspan="2">$10\%\leqslant\varphi<20\%$</td><td>20</td><td>$15\%\leqslant\varphi<30\%$</td><td>25</td></tr>
<tr><td colspan="2">$20\%\leqslant\varphi<30\%$</td><td>25</td><td>$\varphi\geqslant 30\%$</td><td>30</td></tr>
<tr><td colspan="2">$\varphi\geqslant 30\%$</td><td>30</td><td>—</td><td>—</td></tr>
<tr><td colspan="5">2. 采用具有地方特色、经济可行的建筑主体节能技术创新，有一定示范价值</td><td>2</td><td></td></tr>
<tr><td rowspan="11">常规能源系统优化利用（28 分）</td><td rowspan="8">能量转换系统（12 分）</td><td colspan="4">3. 以建筑冷热源的能量转换效率（ECC，Energy Conversion Coefficient）高出比当地规定的能量转换效率基准值（$ECC_{HVAC,B}$）的百分比作为评估指标，定义为：
$$\varphi=\left(\frac{ECC_{HVAC}}{ECC_{HVAC,B}}-1\right)\times 100\%$$</td><td rowspan="7">10</td><td rowspan="7"></td></tr>
<tr><td>严寒和寒冷地区</td><td>夏热冬冷地区</td><td>夏热冬暖地区</td><td>评分</td></tr>
<tr><td>未提供详细空调采暖设备资料</td><td>未提供详细空调采暖设备资料</td><td>未提供详细空调采暖设备资料</td><td>2</td></tr>
<tr><td>$0<\varphi<15\%$</td><td>$0<\varphi<10\%$</td><td>$0<\varphi<15\%$</td><td>4</td></tr>
<tr><td>$15\%\leqslant\varphi<30\%$</td><td>$10\%\leqslant\varphi<20\%$</td><td>$15\%\leqslant\varphi<30\%$</td><td>6</td></tr>
<tr><td>$30\%\leqslant\varphi<45\%$</td><td>$20\%\leqslant\varphi<30\%$</td><td>$30\%\leqslant\varphi<45\%$</td><td>8</td></tr>
<tr><td>$\varphi\geqslant 45\%$</td><td>$\varphi\geqslant 30\%$</td><td>$\varphi\geqslant 45\%$</td><td>10</td></tr>
<tr><td colspan="4">4. 优化采暖制冷设备容量，对能源自控和调节装置提出要求，保证系统在部分负荷和部分空间使用情况下的可用性，延长住区能源利用设备的使用寿命</td><td>2</td><td></td></tr>
<tr><td rowspan="3">能量输配系统（6 分）</td><td colspan="4">5. 以输配系数 TDC 值作为评估指标</td><td rowspan="3">5</td><td rowspan="3"></td></tr>
<tr><td colspan="3">TDC 值</td><td>评分</td></tr>
<tr><td colspan="3">$4.0\leqslant TDC<5.5$</td><td>1</td></tr>
</table>

续表

<table>
<tr><th>项目</th><th colspan="3">措施与评分</th><th>满分</th><th>得分</th></tr>
<tr><td rowspan="9">常规能源系统优化利用（28分）</td><td rowspan="5">能量输配系统（6分）</td><td>$5.5 \leqslant TDC < 7.0$</td><td>2</td><td rowspan="4">5</td><td rowspan="4"></td></tr>
<tr><td>$7.0 \leqslant TDC < 8.5$</td><td>3</td></tr>
<tr><td>$8.5 \leqslant TDC < 10.0$</td><td>4</td></tr>
<tr><td>采用分户独立系统或 $TDC \geqslant 10$</td><td>5</td></tr>
<tr><td colspan="2">6. 利用智能化手段对系统运行工况进行监控</td><td>1</td><td></td></tr>
<tr><td rowspan="2">照明系统（5分）</td><td colspan="2">7. 公共场所和部位（如公共活动空间、楼梯间、道路、室外工程等）的照明采用高效光源、高效灯具和光导系统，采取声控、光控等自动控制措施</td><td>4</td><td></td></tr>
<tr><td colspan="2">8. 采用照明智能管理系统，实施照明远程监控和照明分区域控制</td><td>1</td><td></td></tr>
<tr><td rowspan="2">热水供应系统（5分）</td><td colspan="2">9. 合理利用工业废热、空调余热和高效设备系统制取生活热水</td><td>3</td><td></td></tr>
<tr><td colspan="2">10. 采用集中生活热水系统时，提高能源系统的整体能量转换效率（ECC）和能量输配系数（TDC）</td><td>2</td><td></td></tr>
<tr><td rowspan="8">可再生能源利用（30分）</td><td colspan="3">11. 以可再生能源的利用比例 η 为评估指标</td><td rowspan="8">30</td><td rowspan="8"></td></tr>
<tr><td colspan="2">η</td><td>评分</td></tr>
<tr><td colspan="2">采用了一种以上可再生能源</td><td>15</td></tr>
<tr><td colspan="2">利用可再生能源提供生活用热水的比例 $\eta \geqslant 30\%$</td><td>5</td></tr>
<tr><td colspan="2">利用可再生能源发电占公共区域用电量的比例 $\eta \geqslant 15\%$</td><td>4</td></tr>
<tr><td colspan="2">利用可再生能源进行冬季供暖的比例 $\eta \geqslant 15\%$</td><td>3</td></tr>
<tr><td colspan="2">利用可再生能源空调制冷占总供冷量的比例 $\eta \geqslant 15\%$</td><td>3</td></tr>
<tr></tr>
<tr><td rowspan="2">能耗对环境的影响（10分）</td><td colspan="3">12. 以单位建筑面积污染物排放量低于参照建筑基准值的百分比为评估指标，等于基准值为1分，比基准值每降低10%，加1分，加至满分（5分）为止；高于污染物排放基准值为零分</td><td>5</td><td></td></tr>
<tr><td colspan="3">13. 以单位建筑面积排热量低于参照建筑基准值的百分比为评估指标，等于基准值为1分，比基准值每降低10%，加1分，加至满分（5分）为止；高于建筑物排热量基准值为零分。对于地源热泵或水源热泵系统，不考虑其进行空调时排入地下的热量</td><td>5</td><td></td></tr>
</table>

2.2.3　验收阶段能源与环境评分

验收阶段能源与环境评分如表2-6所示。

验收阶段能源与环境评分（100分）　　表2-6

<table>
<tr><th>项目</th><th colspan="2">措施与评分</th><th>满分</th><th>得分</th></tr>
<tr><td>能源消耗（60分）</td><td colspan="2">1. 实测建筑全年采暖、空调和生活热水的能耗情况（kWh），经运行、气象条件修正后与参照建筑能耗指标进行比较，符合要求可得基本分25分，每提高3%增加5分</td><td>60</td><td></td></tr>
<tr><td rowspan="7">可再生能源利用（30分）</td><td colspan="2">2. 以可再生能源的实际利用比例 η 为评估指标</td><td rowspan="7">30</td><td rowspan="7"></td></tr>
<tr><td>η</td><td>评分</td></tr>
<tr><td>采用了一种以上可再生能源</td><td>15</td></tr>
<tr><td>利用可再生能源提供生活用热水的比例 $\eta \geqslant 30\%$</td><td>5</td></tr>
<tr><td>利用可再生能源发电占公共区域用电量的比例 $\eta \geqslant 15\%$</td><td>4</td></tr>
<tr><td>利用可再生能源进行冬季供暖的比例 $\eta \geqslant 15\%$</td><td>3</td></tr>
<tr><td>利用可再生能源空调制冷占总供冷量的比例 $\eta \geqslant 15\%$</td><td>3</td></tr>
<tr><td rowspan="2">能耗对环境的影响（10分）</td><td colspan="2">3. 根据实测的建筑能耗情况，计算单位建筑面积污染物排放量指标。排放量不高于基准值时得3分，比基准值每降低10%，加1分，加至满分（8分）为止；高于污染物排放基准值为零分</td><td>8</td><td></td></tr>
<tr><td colspan="2">4. 根据实测夏季建筑物排热量指标并进行评估。单位建筑面积的建筑物夏季排热量指标不高于基准值可得1分，每降低10%加0.25分，加至满分（2分）为止；高于建筑物排热基准值为零分。对于地源热泵或水源热泵系统，不考虑其进行空调时排入地下的热量</td><td>2</td><td></td></tr>
</table>

2.3　室内环境质量

2.3.1　室内环境质量必备条件审核

室内环境质量必备条件审核如表2-7所示。

室内环境质量必备条件审核　　表2-7

<table>
<tr><th>项目</th><th colspan="2">★必备条件</th><th>所属阶段</th><th>审核</th></tr>
<tr><td rowspan="4">室内空气质量</td><td rowspan="4">室内通风及空调系统</td><td>1. 住宅建筑的居住单元(住户)和公共部分均应具备良好的通风条件。卧室、起居室、书房及厨房均设有与室外相通的外窗，每套住宅的外门窗可开启面积不应小于地面面积的5%，室内新风量不低于30m³/（h·p）</td><td>规划设计</td><td></td></tr>
<tr><td>2. 厨房、暗卫生间有通风设施，且安装排风机或预留安装条件</td><td>规划设计</td><td></td></tr>
<tr><td>3. 当采取竖向通风道时，采取防止支管回流和排风泄露的措施</td><td>规划设计</td><td></td></tr>
<tr><td>4. 厨房、卫生间下水系统有切实可行的防止串气和“泛臭”的系统设计和设备措施</td><td>规划设计</td><td></td></tr>
</table>

续表

项目	★必备条件		所属阶段	审核
室内空气质量	室内通风及空调系统	5. 设有集中空调的住宅（包括户式全空气中央空调系统，带回风的空调箱），空气入口必须设置空气过滤装置，其位置应便于过滤网的清洗或更换	规划设计	
		6. 空调器或其他末端装置的凝结水盘必须保持排水通畅，无存水凹槽	规划设计	
室内热环境	严寒寒冷地区	7. 住宅内设采暖系统	规划设计	
		8. 集中采暖的住宅，在住户使用期间，当室外日平均温度不低于当地采暖室外计算温度时，采暖期内各有关空间的实际运行温度不低于表 3-1 的规定值	验收	
		9. 集中空调的住宅，在住户使用期间，当室外干湿球温度不高于当地空调计算干湿球温度时，夏季各有关空间的实际运行温度不应高于表 3-2 的规定值（或设备容量可达到此要求）	规划设计 / 验收	
		10. 在室内外计算温度条件下，围护结构热桥部位的内表面温度不低于室内空气的露点温度（在确定室内空气露点温度时，室内空气相对湿度按 60% 计算）	验收	
		11. 室内采暖、空调末端装置及各种管线布置合理。空调冷凝水、冷媒管或冷冻水管在室内的穿墙管孔处理完好	规划设计 / 验收	
	夏热冬冷地区和夏热冬暖地区北区	12. 采暖的住宅，在住户使用期间，当室外日平均温度不低于当地采暖室外计算温度时，采暖期内各有关空间的实际运行温度不得低于表 3-3 的规定值	规划设计	
		13. 集中空调的住宅，在住户使用期间，当室外干湿球温度不高于当地空调计算干湿球温度的时，夏季各有关空间的实际运行温度不高于表 3-4 的规定值（或设备容量可达到此要求）	验收	
		14. 在室内外计算温度条件下，围护结构热桥部位的内表面温度不低于室内空气的露点温度（在确定室内空气露点温度时，室内空气相对湿度按 60% 计算）	规划设计 / 验收	
		15. 室内采暖、空调末端装置及各种管线布置合理；空调冷凝水、冷媒管或冷冻水管在室内的穿墙管孔处理完好	验收	
	夏热冬暖地区南区	16. 集中空调的住宅，在住户使用期间，当室外干湿球温度不高于当地空调计算干湿球温度时，夏季各有关空间的实际运行温度不高于表 3-5 的规定值（或设备容量可达到此要求）	规划设计	
		17. 室内空调末端装置及各种管线布置合理；空调冷凝水、冷媒管或冷冻水管在室内的穿墙管孔处理完好	规划设计 / 验收	
室内光环境	18. 每套住宅至少有一个居住空间获得日照，当有 4 个以上居住空间时，至少有 2 个居住空间获得日照		规划设计	
	19. 获得日照要求的居住房间，其日照时数符合不同建筑气候区的住宅建筑日照标准规定		规划设计	

续表

项目	★必备条件	所属阶段	审核
室内光环境	20. 室内采光系数最低值符合各光气候区的要求	规划设计	
	21. 卧室、起居室、书房及厨房窗地面积比符合各光气候区的要求	规划设计	
	22. 房间内光源位置设置合理	规划设计	
	23. 公共部位设置用于夜间标识的显示灯	规划设计	
室内声环境	24. 实测卧室、书房和起居室（厅）室内噪声级达到：白天≤ 50dB（A），夜间≤ 40dB（A）	验收	

2.3.2　规划设计阶段室内环境质量评分

规划设计阶段室内环境质量评分如表 2-8 所示。

规划设计阶段室内环境质量评分（100分）　　表2-8

项目	措施与评分		满分	得分
室内空气质量（25 分）	1. 住宅建筑平面布置有利于自然通风，气流组织合理		6	
	外门窗可开启面积的窗地面积比 η	评分		
	$5\% \leqslant \eta < 8\%$	2		
	$8\% \leqslant \eta < 10\%$	4		
	$\eta \geqslant 10\%$	6		
	2. 住宅建筑公共部分具备良好的自然通风条件		5	
	外窗可开窗窗地面积比 η	评分		
	$\eta < 5\%$	1		
	$5\% \leqslant \eta < 10\%$	3		
	$\eta \geqslant 10\%$	5		
	3. 地下车库具有良好的通风设计		4	
	4. 对房间气流组织进行分析计算以提高通风效率，防止气流短路循环。通过分析比较，选择优化的通风方式、进风与排风口位置和尺寸		3	
	5. 厨房内设燃气报警装置，并与燃气关断阀联动		4	
	6. 中央空调系统紧急情况下具备全新风运行的条件		3	

续表

项目	措施与评分		满分	得分
室内热环境（25分）	严寒寒冷地区	7. 住宅采用集中采暖、空调系统时，采取分室（户）温度控制，并设分户热（冷）量计量装置或预置安装条件	5	
		8. 采暖、空调室内温度调节范围合理且控制方式适当	4	
		9. 采暖住宅内的卫生间有淋浴器且配备热水供应时，冬季使用期间卫生间的室温能调至适宜温度	4	
		10. 选用经过评估符合环保标准要求的采暖与空调末端装置	4	
		11. 外围护结构具有较低的传热系数和良好的热稳定性，采取了有效的防潮措施	5	
		12. 设计具有隔声、保温、安全性能的可调节外遮阳或内遮阳等设施	3	
	夏热冬冷地区和夏热冬暖地区北区	13. 有采暖措施	3	
		14. 住宅采用集中采暖、空调系统时，采取分室（户）温度控制，并设分户热（冷）量计量装置或预置安装条件	5	
		15. 采暖、空调室内温度调节范围合理且控制方式适当	4	
		16. 采暖住宅内的卫生间有淋浴器且配备热水供应时，冬季使用期间卫生间的室温能调至适宜温度	3	
		17. 选用经过评估符合环保标准要求的采暖与空调末端装置	4	
		18. 外围护结构具有较低的传热系数和良好的热稳定性，采取了有效的防潮措施，遮阳措施得力	6	
	夏热冬暖地区南区	19. 空调室内温度调节范围合理且控制方式适当	6	
		20. 采取外遮阳、种植屋面、外墙外表面浅色饰面等隔热措施	7	
		21. 外围护结构具有较低的传热系数和良好的热稳定性，采用了有效的防潮措施	6	
		22. 选用经过评估符合环保标准要求的空调末端装置，有空调除湿措施	6	
室内光环境（20分）	23. 卫生间有天然采光		5	
	24. 公共部位有天然采光		5	
	25. 外窗选用透光率适宜的玻璃		4	
	26. 采用自然眩光控制装置		3	
	27. 公共部位（过道、楼梯间）地面的照度值≥ 30lx		3	
室内声环境（30分）	28. 合理布置产生噪声的厨房、卫生间的位置，减少其对居住空间的干扰		4	
	29. 卧室不与电梯间等产生噪声的设备用房相邻		4	

续表

项目	措施与评分	满分	得分
室内声环境（30分）	30. 合理选择建筑构件，使建筑构件空气声隔声性能达到（A声级）： （1）分户墙：≥45dB；（2）楼板：≥45dB；（3）户门：≥30dB；（4）临街外窗：≥30dB	8	
	31. 楼板计权标准化撞击声压级≤70dB	2	
	32. 采取吸声与隔声措施，降低机房噪声特别是低频噪声对环境和健康的危害	2	
	33. 采用消声设备，或采取优化管道位置等措施，消除通过风道传播的透射噪声	2	
	34. 采用隔振吊架、隔振支撑、软接头等措施，消除通过风道和水管传播的固体噪声	2	
	35. 选用低噪声设备，采取减振隔振措施，降低设备噪声	2	
	36. 采用优质管材，降低给排水系统噪声	2	
	37. 采取防水锤措施，防止给水系统出现水锤噪声	2	

2.3.3　验收阶段室内环境质量评分

验收阶段室内环境质量评分如表2-9所示。

验收阶段室内环境质量评分（100分）　　**表2-9**

<table>
<tr><th>项目</th><th colspan="3">措施与评分</th><th>满分</th><th>得分</th></tr>
<tr><td rowspan="11">室内空气质量（25分）</td><td rowspan="6">室内通风及空调系统（17分）</td><td colspan="2">1. 住宅卧室、起居室可实现良好的自然通风</td><td>3</td><td></td></tr>
<tr><td colspan="2">2. 住宅公共部分可实现良好的自然通风</td><td>3</td><td></td></tr>
<tr><td colspan="2">3. 地下车库具备良好的通风条件</td><td>3</td><td></td></tr>
<tr><td colspan="2">4. 厨房、卫生间的共用排气竖风道的防回流措施运行可靠</td><td>3</td><td></td></tr>
<tr><td colspan="2">5. 空调系统紧急情况下的全新风运行安全、可靠</td><td>2</td><td></td></tr>
<tr><td colspan="2">6. 暗卫生间竖向风道集中机械排风系统运行可靠</td><td>3</td><td></td></tr>
<tr><td rowspan="5">室内空气品质（8分）</td><td colspan="2">7. 室内空气物理性、化学性、生物性及放射性参数指标的实测值优于《民用建筑工程室内环境污染控制规范》GB 50325要求</td><td rowspan="5">6</td><td rowspan="5"></td></tr>
<tr><td>室内氡浓度</td><td>≤180（Bq/m^3）</td></tr>
<tr><td>室内甲醛浓度</td><td>≤0.07（mg/m^3）</td></tr>
<tr><td>室内苯浓度</td><td>≤0.08（mg/m^3）</td></tr>
<tr><td>室内氨浓度</td><td>≤0.18（mg/m^3）</td></tr>
</table>

续表

<table>
<tr><th>项目</th><th colspan="3">措施与评分</th><th>满分</th><th>得分</th></tr>
<tr><td rowspan="2">室内空气质量（25分）</td><td rowspan="2">室内空气品质（8分）</td><td>室内总挥发性有机化合物（TVOC）浓度</td><td>≤0.45（mg/m^3）</td><td></td><td></td></tr>
<tr><td colspan="2">8. 设置室内空气质量监测装置</td><td>2</td><td></td></tr>
<tr><td rowspan="14">室内热环境（25分）</td><td rowspan="5">严寒寒冷地区</td><td colspan="2">9. 采暖期卫生间的室温能调至适宜洗浴的温度</td><td>4</td><td></td></tr>
<tr><td colspan="2">10. 采暖、空调室内温度调节范围合理且控制方式适当，温度分布均匀</td><td>7</td><td></td></tr>
<tr><td colspan="2">11. 采暖与空调末端装置经过评估符合环保标准要求，安全可靠</td><td>4</td><td></td></tr>
<tr><td colspan="2">12. 外围护结构热工性能良好，防潮措施有效</td><td>6</td><td></td></tr>
<tr><td colspan="2">13. 采用了具有隔声、保温、安全性能的可调节外遮阳、内遮阳等设施</td><td>4</td><td></td></tr>
<tr><td rowspan="5">夏热冬冷地区和夏热冬暖地区北区</td><td colspan="2">14. 采暖设施有效，运行可靠</td><td>4</td><td></td></tr>
<tr><td colspan="2">15. 采暖期卫生间的室温能调至适宜洗浴的温度</td><td>4</td><td></td></tr>
<tr><td colspan="2">16. 采暖、空调室内温度调节范围合理且控制方式适当，温度分布均匀</td><td>7</td><td></td></tr>
<tr><td colspan="2">17. 采暖与空调末端装置经过评估符合环保标准要求，安全可靠</td><td>4</td><td></td></tr>
<tr><td colspan="2">18. 外围护结构热工性能良好，围护结构防潮措施有效，遮阳措施得力</td><td>6</td><td></td></tr>
<tr><td rowspan="4">夏热冬暖地区南区</td><td colspan="2">19. 空调室内温度调节范围合理且控制方式适当，温度分布均匀</td><td>7</td><td></td></tr>
<tr><td colspan="2">20. 空调末端装置经过评估符合环保标准要求，安全可靠，有空调除湿措施</td><td>6</td><td></td></tr>
<tr><td colspan="2">21. 采取了外遮阳、种植屋面、外墙外表面浅色饰面等隔热措施</td><td>6</td><td></td></tr>
<tr><td colspan="2">22. 外围护结构热工性能良好，防潮措施有效</td><td>6</td><td></td></tr>
<tr><td rowspan="5">室内光环境（20分）</td><td colspan="3">23. 卫生间有天然采光</td><td>5</td><td></td></tr>
<tr><td colspan="3">24. 公共部位天然采光符合要求</td><td>5</td><td></td></tr>
<tr><td colspan="3">25. 外窗采用了透光率适宜的玻璃</td><td>3</td><td></td></tr>
<tr><td colspan="3">26. 采用了自然光眩光控制装置</td><td>4</td><td></td></tr>
<tr><td colspan="3">27. 公共部位（过道、楼梯间）的地面照度实测值≥30lx</td><td>3</td><td></td></tr>
<tr><td rowspan="4">室内声环境（30分）</td><td colspan="3">28. 实测分户墙空气声计权隔声量≥45dB（A）</td><td rowspan="4">4</td><td rowspan="4"></td></tr>
<tr><td colspan="2">实测分户墙空气声计权隔声量</td><td>评分</td></tr>
<tr><td colspan="2">≥45dB（A）</td><td>2</td></tr>
<tr><td colspan="2">≥50dB（A）</td><td>4</td></tr>
</table>

续表

<table>
<tr><th>项目</th><th colspan="2">措施与评分</th><th>满分</th><th>得分</th></tr>
<tr><td rowspan="16">室内
声环境
（30 分）</td><td colspan="2">29. 实测分户楼板空气声计权隔声量≥ 45dB（A）</td><td rowspan="5">3</td><td rowspan="5"></td></tr>
<tr><td>实测分户楼板空气声计权隔声量</td><td>评分</td></tr>
<tr><td>≥ 45dB（A）</td><td>1</td></tr>
<tr><td>≥ 50dB（A）</td><td>2</td></tr>
<tr><td>≥ 55dB（A）</td><td>3</td></tr>
<tr><td colspan="2">30. 实测户门空气声计权隔声量≥ 30dB（A）</td><td>3</td><td></td></tr>
<tr><td colspan="2">31. 实测临街外窗空气声计权隔声量≥ 30dB（A）</td><td rowspan="5">4</td><td rowspan="5"></td></tr>
<tr><td>实测临街外窗空气声计权隔声量</td><td>评分</td></tr>
<tr><td>≥ 30dB（A）</td><td>2</td></tr>
<tr><td>≥ 35dB（A）</td><td>3</td></tr>
<tr><td>≥ 40dB（A）</td><td>4</td></tr>
<tr><td colspan="2">32. 实测楼板计权标准化撞击声压级≤ 70dB（A）</td><td rowspan="4">6</td><td rowspan="4"></td></tr>
<tr><td>实测楼板计权标准化撞击声压级</td><td>评分</td></tr>
<tr><td>≤ 70dB（A）</td><td>4</td></tr>
<tr><td>≤ 65dB（A）</td><td>6</td></tr>
<tr><td colspan="2">33. 机械、卫生设备和管道减噪措施有效</td><td>10</td><td></td></tr>
</table>

2.4　住区水环境

2.4.1　住区水环境必备条件审核

住区水环境必备条件审核如表 2-10 所示。

住区水环境必备条件审核　　**表2-10**

项目	★必备条件	所属阶段	审核
用水规划	1. 用水定额和水压的确定不应超出《建筑给水排水设计规范》GB 50015 的规定	规划设计	
	2. 生活用水量定额参照《城市居民生活用水量标准》GB/T 50331 确定	规划设计	

续表

项目	★必备条件	所属阶段	审核
用水规划	3. 根据住区水环境规划和国家计委《建设项目经济评价方法》选择住区水系统方案，并对污水、雨水不同再生利用目的和工艺方案做出全面的经济评价，确定合理的再生水利用率，推荐最佳方案	规划设计	
给水排水系统	4. 饮用净水水质符合《饮用净水水质标准》CJ 94 的要求；生活饮用水水质符合《生活饮用水卫生标准》GB5749、《城市供水水质标准》CJ/T 206 的要求	规划设计 / 验收	
再生水利用与污水处理	5. 再生水水质应符合《城市污水再生利用　城市杂用水水质》GB/T 18920、《城市污水再生利用　景观环境用水水质》GB/T 18921 的要求。当再生水要同时满足多种用途时，其水质按最高水质标准确定	规划设计 / 验收	
	6. 处理后的再生水直接进入地面水水源时，水质符合《地表水环境质量标准》GB 3838 的要求	规划设计 / 验收	
	7. 住区内设有污水处理设施时，处理出水水质符合《污水综合排放标准》GB 8978、《城镇污水处理厂污染物排放标准》GB 18918 的要求。污水处理过程中产生的污泥，应采取相应的处理和综合利用措施，并达到《城镇污水处理厂污染物排放标准》GB 18918 的要求	规划设计 / 验收	
	8. 再生水工程设计符合《污水再生利用工程设计规范》GB 50335 的要求	规划设计 / 验收	
雨水利用	9. 结合当地气候条件和住区地形、地貌确定雨水收集及利用方案	规划设计	
绿化与水景用水	10. 再生水或回用雨水用于绿化用水、水景用水时，其水质应符合《城市污水再生利用　城市杂用水水质》GB/T 18920 和《城市污水再生利用　景观环境用水水质》GB/T 18921 的水质指标要求	规划设计 / 验收	
节水器具与设备	11. 设有户式或楼宇式饮用净水设备，则其出水水质符合《饮用净水水质标准》CJ94 的指标要求	规划设计 / 验收	
	12. 设置游泳池水循环处理设备，则其处理出水水质符合《游泳场所卫生标准》GB9667 的指标要求	规划设计 / 验收	
	13. 卫生洁具均为节水型、低能耗型，用水器具应满足《节水型生活用水器具》CJ164 的要求	规划设计 / 验收	

2.4.2　规划设计阶段住区水环境评分

规划设计阶段住区水环境评分如表 2-11 所示。

规划设计阶段住区水环境评分（100分）　　表2-11

项目		措施与评分	满分	得分
用水规划（30 分）	水量平衡（20 分）	1. 用水定额、用水量估算及水量平衡计算科学、合理，符合所在区域水资源状况	4	
		2. 按照高质高用、低质低用的用水原则，制定水环境规划方案，包括再生水、雨水等非自来水的利用方案和器具、设备等设施管理节水方案	6	

续表

<table>
<tr><th>项目</th><th colspan="3">措施与评分</th><th>满分</th><th>得分</th></tr>
<tr><td rowspan="9">用水规划（30 分）</td><td rowspan="4">水量平衡（20 分）</td><td colspan="2">3. 充分利用再生水、雨水等非传统水源；水资源循环利用和重复利用优先</td><td>4</td><td></td></tr>
<tr><td colspan="2">4. 在缺水地区设有生活污水、雨水或海水的处理回用系统</td><td>2</td><td></td></tr>
<tr><td colspan="2">5. 对水量平衡方案进行经济评价，确定合理节水率和再生水利用率</td><td>3</td><td></td></tr>
<tr><td colspan="2">6. 生活污水、雨水或利用海水的处理回用系统可行性分析</td><td>1</td><td></td></tr>
<tr><td rowspan="5">节水率（W_{CR}）（10 分）</td><td colspan="2">7. 节水率（W_{CR}）不低于 20%</td><td rowspan="5">10</td><td rowspan="5"></td></tr>
<tr><td>W_{CR} 值</td><td>评分</td></tr>
<tr><td>$20\% \leqslant W_{CR} < 25\%$</td><td>5</td></tr>
<tr><td>$25\% \leqslant W_{CR} < 35\%$</td><td>8</td></tr>
<tr><td>$35\% \leqslant W_{CR} \leqslant 50\%$</td><td>10</td></tr>
<tr><td rowspan="7">给水排水系统（10 分）</td><td rowspan="4">给水系统（6 分）</td><td colspan="2">8. 住区给水系统设计应统筹利用各种水资源，实行分质供水。优化供水管网，合理控制末端出水压力</td><td>2</td><td></td></tr>
<tr><td colspan="2">9. 利用市政给水管网的水压直接供水。当市政给水管网的水压或水量不足时，应根据卫生安全、经济节能的原则选用贮水调节和加压供水方案</td><td>1</td><td></td></tr>
<tr><td colspan="2">10. 严禁将再生水、回用雨水等非生活饮用水管道与生活饮用水管道相连接</td><td>2</td><td></td></tr>
<tr><td colspan="2">11. 优化住区给水管网，采用新技术、新设备减少给水系统管网漏失水量</td><td>1</td><td></td></tr>
<tr><td rowspan="3">排水系统（4 分）</td><td colspan="2">12. 不能接入市政排水系统的住区生活污水进行分散式处理，处理出水回用或达标排入收纳水体</td><td>2</td><td></td></tr>
<tr><td colspan="2">13. 集中空调冷却塔排水、集中空调冷凝水及分体空调冷凝水设有收集和再利用系统</td><td>1</td><td></td></tr>
<tr><td colspan="2">14. 污水收集、处理及排放不应对周围环境与人体健康产生不良影响</td><td>1</td><td></td></tr>
<tr><td rowspan="5">再生水利用与污水处理（25 分）</td><td rowspan="5">再生水利用系统（10 分）</td><td colspan="2">15. 在再生水供水区域内，应使用水质符合用水标准的再生水</td><td>3</td><td></td></tr>
<tr><td colspan="2">16. 不在再生水供水区域范围内，规划人口在 4000 人以上或规划面积 5 万 m^2 以上新建住宅小区宜建设中水系统</td><td>1</td><td></td></tr>
<tr><td colspan="2">17. 建筑面积超过 2 万 m^2 的公寓、高层住宅宜建设中水系统</td><td>1</td><td></td></tr>
<tr><td colspan="2">18. 再生水用水目标规划合理，景观环境用水、绿化用水、厕所冲洗、道路清洁、车辆冲洗、建设施工等应优先使用再生水</td><td>3</td><td></td></tr>
<tr><td colspan="2">19. 再生水利用方案经济合理、技术先进性和建设可实施性</td><td>2</td><td></td></tr>
</table>

续表

<table>
<tr><th>项目</th><th colspan="3">措施与评分</th><th>满分</th><th>得分</th></tr>
<tr><td rowspan="7">再生水利用与污水处理（25分）</td><td rowspan="3">污水处理系统（10分）</td><td colspan="2">20. 再生水利用经济分析，包括中水水源、再生水制水成本、再生水价格以及再生水工程的经济、社会、环境效益</td><td>4</td><td></td></tr>
<tr><td colspan="2">21. 污水处理工程规模设计合理，工艺技术运行节能、环境负荷低</td><td>4</td><td></td></tr>
<tr><td colspan="2">22. 污水处理系统运行对环境安全，设有应急措施</td><td>2</td><td></td></tr>
<tr><td rowspan="4">再生水利用率（W_{RR}）（5分）</td><td colspan="2">23. 再生水利用率（W_{RR}）不低于 20%</td><td rowspan="4">5</td><td rowspan="4"></td></tr>
<tr><td>W_{RR} 值</td><td>评分</td></tr>
<tr><td>$20\% \leqslant W_{RR} < 30\%$</td><td>4</td></tr>
<tr><td>$30\% \leqslant W_{RR} \leqslant 40\%$</td><td>5</td></tr>
<tr><td rowspan="8">雨水利用（10分）</td><td rowspan="4">雨水直接利用（6分）</td><td colspan="2">24. 收集屋面雨水或地表径流雨水用于水景补水、绿化用水等生活杂用水</td><td>2</td><td></td></tr>
<tr><td colspan="2">25. 利用住区绿地、水景、人工湿地等设施净化雨水，使其符合回用目标的水质要求</td><td>2</td><td></td></tr>
<tr><td colspan="2">26. 在缺水地区，根据可回用目标水质、水量要求，收集雨水并进行单独处理或使其进入住区中水处理系统，出水水质满足回用目标水质要求</td><td>1</td><td></td></tr>
<tr><td colspan="2">27. 雨水收集利用系统与水景相结合设计</td><td>1</td><td></td></tr>
<tr><td rowspan="4">雨水间接利用（4分）</td><td colspan="2">28. 场地规划后综合径流系数 Ψ 不大于 0.4</td><td>1</td><td></td></tr>
<tr><td colspan="2">29. 地表雨水径流规划有利于减小雨水受污染几率</td><td>1</td><td></td></tr>
<tr><td colspan="2">30. 公共活动场地、人行道路、露天停车场等可渗透铺装面积应不小于 30%</td><td>1</td><td></td></tr>
<tr><td colspan="2">31. 采用多种渗透措施增加雨水的自然渗透量，补给地下水</td><td>1</td><td></td></tr>
<tr><td rowspan="7">绿化与水景用水（15分）</td><td rowspan="3">绿化用水（7分）</td><td colspan="2">32. 选种适应当地气候和土壤条件的耐旱植物，合理配置乔木、灌木、花草的种植比例，选种节水型草坪</td><td>2</td><td></td></tr>
<tr><td colspan="2">33. 采用节水浇灌技术，与传统方法相比节水达到 10% 以上</td><td>2</td><td></td></tr>
<tr><td colspan="2">34. 采用再生水、雨水、水景排水及其他非市政供自来水</td><td>3</td><td></td></tr>
<tr><td rowspan="4">水景用水（8分）</td><td colspan="2">35. 水景用水循环净化，并采用生态处理技术</td><td>2</td><td></td></tr>
<tr><td colspan="2">36. 设置水景设施，提高水景水体自净能力。如：流水、跌水、喷水、涌水等</td><td>2</td><td></td></tr>
<tr><td colspan="2">37. 采用生态修复技术，提高水景水体自净能力</td><td>2</td><td></td></tr>
<tr><td colspan="2">38. 大面积水景设置人工湿地，且人工湿地面积不小于水景面积的 10%</td><td>2</td><td></td></tr>
</table>

续表

项目	措施与评分			满分	得分
节水器具与设备（10分）	39. 选用节水型便器、小便器、水龙头、淋浴器等等卫生洁具，建筑卫生洁具节水率 Ws 不低于 20%			5	
	类别	W_s 值	评分		
	便器	20% ≤W_s<35%	0.5		
		W_s≥ 35%	1.0		
	小便器	20% ≤W_s<30%	0.5		
		W_s≥ 30%	1.0		
	水龙头	20% ≤W_s<30%	1.0		
		W_s≥ 30%	2.0		
	淋浴器	20% ≤W_s<30%	0.5		
		W_s≥ 30%	1.0		
	40. 选用高效节能设备，如变频供水设备、终端直饮水设备、游泳池循环水处理设备，机效率应大于 85%			2	
	41. 优选设备、管件、器具以降低管网漏损量，管网漏损水量小于住区最高日水量的 1%			2	
	42. 选用高效节水洗衣机、洗碗机等节水型家用电器			1	

2.4.3 验收阶段住区水环境评分

验收阶段住区水环境评分如表 2-12 所示。

验收阶段住区水环境评分（100分） **表2-12**

项目	措施与评分			满分	得分
用水规划（20分）	水量平衡（5分）	1. 实际用水量情况与规划设计用水量相符		3	
		2. 按照用水规划方案实施，且运行良好		2	
	节水率（W_{CR}）（15分）	3. 节水率（W_{CR}）不低于 20%		15	
		W_{CR} 值	评分		
		20% ≤ W_{CR} < 25%	6		
		25% ≤ W_{CR} < 35%	10		
		35% ≤ W_{CR} ≤ 50%	15		

续表

<table>
<tr><th>项目</th><th colspan="3">措施与评分</th><th>满分</th><th>得分</th></tr>
<tr><td rowspan="5">给水排水系统（10 分）</td><td rowspan="3">给水系统（6 分）</td><td colspan="2">4. 饮用净水、生活用水、生活杂用水等分质供水</td><td>3</td><td></td></tr>
<tr><td colspan="2">5. 各用水点末端出水压力合理、稳定</td><td>2</td><td></td></tr>
<tr><td colspan="2">6. 减少热水系统无效冷水量</td><td>1</td><td></td></tr>
<tr><td rowspan="2">排水系统（4 分）</td><td colspan="2">7. 生活污水进行分散式处理，出水回用或达标排入收纳水体</td><td>3</td><td></td></tr>
<tr><td colspan="2">8. 集中空调冷却塔排水、集中空调冷凝水及分体空调冷凝水设有收集和再利用系统</td><td>1</td><td></td></tr>
<tr><td rowspan="10">再生水利用与污水处理（25 分）</td><td rowspan="4">再生水利用系统（10 分）</td><td colspan="2">9. 在再生水供水区域内，使用水质符合用水标准的再生水</td><td>3</td><td></td></tr>
<tr><td colspan="2">10. 不在再生水供水区域范围内，规划人口在 4000 人以上或规划面积 5 万 m^2 以上新建住宅小区宜建设中水系统</td><td>2</td><td></td></tr>
<tr><td colspan="2">11. 建筑面积超过 2 万 m^2 的公寓、高层住宅宜建设中水系统</td><td>2</td><td></td></tr>
<tr><td colspan="2">12. 再生水用水系统安全、可靠，并设有应急措施</td><td>3</td><td></td></tr>
<tr><td rowspan="2">污水处理系统（10 分）</td><td colspan="2">13. 污水处理工程规模设计合理，工艺技术运行节能、环境负荷低</td><td>5</td><td></td></tr>
<tr><td colspan="2">14. 污水处理系统运行对环境安全，设有应急措施</td><td>5</td><td></td></tr>
<tr><td rowspan="4">再生水回用率（W_{RR}）（5 分）</td><td colspan="2">15. 再生水回用率（W_{RR}）不低于 20%</td><td rowspan="4">5</td><td rowspan="4"></td></tr>
<tr><td>W_{RR} 值</td><td>评分</td></tr>
<tr><td>$20\% \leqslant W_{RR} < 30\%$</td><td>4</td></tr>
<tr><td>$30\% \leqslant W_{RR} \leqslant 40\%$</td><td>5</td></tr>
<tr><td rowspan="8">雨水利用（15 分）</td><td rowspan="4">雨水直接利用（8 分）</td><td colspan="2">16. 设有屋面雨水或地表径流雨水收集系统</td><td>2</td><td></td></tr>
<tr><td colspan="2">17. 利用住区的绿地、水景或人工湿地等设施净化雨水</td><td>2</td><td></td></tr>
<tr><td colspan="2">18. 收集雨水并单独处理或进入住区中水处理系统进行处理，水质满足回用目标水质要求</td><td>2</td><td></td></tr>
<tr><td colspan="2">19. 雨水收集利用系统与水景相结合设计</td><td>2</td><td></td></tr>
<tr><td rowspan="4">雨水间接利用（7 分）</td><td colspan="2">20. 场地建设前后透水面积比 W_{Ψ} 按照规划设计实施</td><td>1</td><td></td></tr>
<tr><td colspan="2">21. 地表雨水径流减小雨水受污染几率</td><td>2</td><td></td></tr>
<tr><td colspan="2">22. 公共活动场地、人行道路、露天停车场等可渗透铺装面积应不小于 30%</td><td>2</td><td></td></tr>
<tr><td colspan="2">23. 采用多种渗透措施增加雨水的自然渗透量</td><td>2</td><td></td></tr>
</table>

续表

<table>
<tr><th>项目</th><th colspan="3">措施与评分</th><th>满分</th><th>得分</th></tr>
<tr><td rowspan="8">绿化水景用水（15分）</td><td rowspan="3">绿化用水（7分）</td><td colspan="2">24. 耐旱的园林景观植物占比不低于30%</td><td>2</td><td></td></tr>
<tr><td colspan="2">25. 采用节水浇灌技术，与传统方法相比节水达到10%以上</td><td>2</td><td></td></tr>
<tr><td colspan="2">26. 采用再生水、雨水、河道水、水景排水及其他非市政供自来水</td><td>2</td><td></td></tr>
<tr><td rowspan="5">水景用水（8分）</td><td colspan="2">27. 设有水景用水循环净化设施，并采用生态处理技术</td><td>2</td><td></td></tr>
<tr><td colspan="2">28. 水景补水采用再生水、雨水等非自来水水源</td><td>2</td><td></td></tr>
<tr><td colspan="2">29. 设有水景设施，提高水景水体自净能力。如：流水、跌水、喷水、涌水等</td><td>2</td><td></td></tr>
<tr><td colspan="2">30. 设有生态修复设施，提高了水景水体自净能力</td><td>2</td><td></td></tr>
<tr><td colspan="2">31. 大面积水景设有人工湿地，且人工湿地面积不小于水景面积的10%</td><td>1</td><td></td></tr>
<tr><td rowspan="13">节水器具与设备（15分）</td><td colspan="3">32. 便器、小便器、水龙头、淋浴器等均为节水型卫生洁具，建筑卫生洁具节水率（W_S）指标不低于20%</td><td rowspan="10">10</td><td rowspan="10"></td></tr>
<tr><td>类别</td><td>W_s 值</td><td>评分</td></tr>
<tr><td rowspan="2">便器</td><td>20% ≤ W_s<35%</td><td>2.0</td></tr>
<tr><td>W_s ≥ 35%</td><td>3.0</td></tr>
<tr><td rowspan="2">小便器</td><td>20% ≤ W_s<30%</td><td>0.5</td></tr>
<tr><td>W_s ≥ 30%</td><td>1.0</td></tr>
<tr><td rowspan="2">水龙头</td><td>20% ≤ W_s<30%</td><td>2.0</td></tr>
<tr><td>W_s ≥ 30%</td><td>4.0</td></tr>
<tr><td rowspan="2">淋浴器</td><td>20% ≤ W_s<30%</td><td>1.0</td></tr>
<tr><td>W_s ≥ 30%</td><td>2.0</td></tr>
<tr><td colspan="3">33. 变频供水设备、终端直饮水设备、游泳池循环水处理设备等，机泵效率应大于85%</td><td>2</td><td></td></tr>
<tr><td colspan="3">34. 设备、管件、器具性能达标，管网漏损水量小于住区最高日水量的1%</td><td>2</td><td></td></tr>
<tr><td colspan="3">35. 洗衣机、洗碗机等均为高效节水型家用电器</td><td>1</td><td></td></tr>
</table>

2.5　材料与资源

2.5.1　材料与资源必备条件审核

材料与资源必备条件审核如表2-13所示。

材料与资源必备条件审核　　**表2-13**

项目	★必备条件	所属阶段	审核
使用绿色建材	1. 所用建筑材料符合《民用建筑室内环境污染控制规范》GB 50325 的规定	验收	
	2. 不使用国家明确淘汰或禁止使用的材料和产品	验收	
住宅室内装修	3. 所用装饰装修材料应符合《室内装饰装修材料有害物质限量》等 10 项标准 GB6566，GB18580-18588 中关于有害物质限量的要求	验收	
	4. 装修后室内空气质量应符合《民用建筑室内环境污染控制规范》GB 50325 的规定	验收	

2.5.2　规划设计阶段材料与资源评分

规划设计阶段材料与资源评分如表 2-14 所示。

规划设计阶段材料与资源评分（100分）　　**表2-14**

<table>
<tr><th>项目</th><th colspan="2">措施与评分</th><th>满分</th><th>得分</th></tr>
<tr><td rowspan="4">使用绿色建材（30 分）</td><td colspan="2">1. 从全寿命周期（包括材料的原料采集、生产、运输、使用、维护、废弃、再生利用等）评价所用建筑材料的资源、能源消耗和对环境的影响，并做出技术分析</td><td>8</td><td></td></tr>
<tr><td colspan="2">2. 选用耐久性好的可回收、可再生和可重复使用的建筑材料</td><td>8</td><td></td></tr>
<tr><td colspan="2">3. 优化结构设计，节约材料用量</td><td>8</td><td></td></tr>
<tr><td colspan="2">4. 优先选用可蓄能、调湿或改善室内空气质量的功能材料</td><td>6</td><td></td></tr>
<tr><td rowspan="5">就地取材（10 分）</td><td colspan="2">5. 以距施工现场 500km 以内生产的建筑材料用量 t_l（t）与建筑材料总用量 T_m 的比例 L_m，作为评估依据</td><td rowspan="5">10</td><td rowspan="5"></td></tr>
<tr><td>L_m 值</td><td>评分</td></tr>
<tr><td>$30\% \leqslant L_m \leqslant 50\%$</td><td>2</td></tr>
<tr><td>$50\% < L_m \leqslant 70\%$</td><td>6</td></tr>
<tr><td>$L_m > 70\%$</td><td>10</td></tr>
<tr><td rowspan="3">资源再利用（10 分）</td><td>旧建筑的改造利用（2 分）</td><td>6. 规划设计中有旧建筑的改造与利用方案</td><td>2</td><td></td></tr>
<tr><td>旧建筑材料的利用（3 分）</td><td>7. 具有旧建筑材料的利用方案</td><td>3</td><td></td></tr>
<tr><td>固体废弃物的处理（5 分）</td><td>8. 有固体废弃物回收、存放、储运至最终处理方案</td><td>5</td><td></td></tr>
<tr><td rowspan="3">室内装修（20 分）</td><td colspan="2">9. 进行一次性装修，室内装修设计、施工与建筑设计、施工同步进行</td><td>8</td><td></td></tr>
<tr><td colspan="2">10. 采用环保型的绿色装修材料</td><td>8</td><td></td></tr>
<tr><td colspan="2">11. 有多种装修方案可供选择，以避免装修后再次改装</td><td>4</td><td></td></tr>
</table>

续表

项目	措施与评分	满分	得分
垃圾处理（30分）	12. 以《生活垃圾处理技术指南》（建城 [2010]61 号）等文件为指导，规范垃圾处理	6	
	13. 实行垃圾分类收集，集中密闭化清运	8	
	14. 如果垃圾在住区进行处理，必须充分论证，并防止对环境产生污染	6	
	15. 采用有机垃圾生化处理设备、压缩设备，实现有机垃圾减量化、无害化	10	

2.5.3　验收阶段材料与资源评分

验收阶段材料与资源评分如表 2-15 所示。

验收阶段材料与资源评分（100分）　　　　**表2-15**

<table>
<tr><th>项目</th><th colspan="3">措施与评分</th><th>满分</th><th>得分</th></tr>
<tr><td rowspan="4">使用绿色建材（30分）</td><td colspan="3">1. 经过产品评估符合绿色建材要求的材料和产品使用量＞50%</td><td>8</td><td></td></tr>
<tr><td colspan="3">2. 使用了可回收、可再生和可重复利用的建筑材料</td><td>8</td><td></td></tr>
<tr><td colspan="3">3. 通过优化结构设计，实际节约材料用量</td><td>8</td><td></td></tr>
<tr><td colspan="3">4. 使用了蓄能、调湿或改善室内空气质量的功能材料</td><td>6</td><td></td></tr>
<tr><td rowspan="5">就地取材（10分）</td><td colspan="3">5. 计算距施工现场 500km 以内生产的建筑材料用量 t_l（t）与建筑材料总用量 T_m 的比例 L_m，作为评价依据</td><td rowspan="5">10</td><td rowspan="5"></td></tr>
<tr><td colspan="2">L_m</td><td>评分</td></tr>
<tr><td colspan="2">$30\% \leqslant L_m \leqslant 50\%$</td><td>2</td></tr>
<tr><td colspan="2">$50\% < L_m \leqslant 70\%$</td><td>6</td></tr>
<tr><td colspan="2">$L_m > 70\%$</td><td>10</td></tr>
<tr><td rowspan="5">资源再利用（10分）</td><td>旧建筑的改造利用（2分）</td><td colspan="2">6. 旧建筑的改造与利用与原规划设计一致</td><td>2</td><td></td></tr>
<tr><td rowspan="4">旧建筑材料的利用（3分）</td><td colspan="2">7. 对拆除的旧建筑物中可再利用的材料（如砖、石、木、金属、砌块、预制构件、门窗等）进行分类处理，加以利用或折价进入市场。折价处理或再利用的建筑材料、部件占总建筑材料的比例：</td><td rowspan="4">3</td><td rowspan="4"></td></tr>
<tr><td>折价处理或再利用材料比例</td><td>评分</td></tr>
<tr><td>5%~10%</td><td>2</td></tr>
<tr><td>＞10%</td><td>3</td></tr>
</table>

续表

<table>
<tr><th>项目</th><th colspan="3">措施与评分</th><th>满分</th><th>得分</th></tr>
<tr><td rowspan="5">资源
再利用
（10 分）</td><td rowspan="5">固体废弃物的处理
（5 分）</td><td colspan="2">8. 按照分类原则，对固体废弃物进行了回收、存放、储运至最终处理。根据回收和再利用占产生废弃物的比例评分：
回收和再利用占产生废弃物的比例 ｜ 评分</td><td rowspan="5">5</td><td rowspan="5"></td></tr>
<tr><td>≤ 25%</td><td>3</td></tr>
<tr><td>≥ 30%</td><td>4</td></tr>
<tr><td>≥ 40%</td><td>5</td></tr>
<tr><td></td><td></td></tr>
<tr><td rowspan="3">室内
装修
（20 分）</td><td colspan="3">9. 进行了一次性装修，室内装修设计、施工与建筑设计、施工同步进行且衔接完善</td><td>8</td><td></td></tr>
<tr><td colspan="3">10. 采用了环保型的绿色装修材料</td><td>8</td><td></td></tr>
<tr><td colspan="3">11. 一次装修满足了用户的要求，没有发生再次改装的情况</td><td>4</td><td></td></tr>
<tr><td rowspan="13">垃圾处理
（30 分）</td><td rowspan="3">12. 单户收集方式</td><td>分类收集</td><td>4</td><td rowspan="3">9</td><td rowspan="3"></td></tr>
<tr><td>容器有盖、无泄漏</td><td>3</td></tr>
<tr><td>运输过程无污染</td><td>2</td></tr>
<tr><td rowspan="3">13. 住区设垃圾站
（注：第 13 和 14 项不同时评分）</td><td>分类收集与存放</td><td>3</td><td rowspan="3">9</td><td rowspan="3"></td></tr>
<tr><td>不污染环境、不散发臭味</td><td>3</td></tr>
<tr><td>周围有绿化隔离</td><td>3</td></tr>
<tr><td rowspan="2">14. 住区不设垃圾站</td><td>垃圾每日清运</td><td>5</td><td rowspan="2">9</td><td rowspan="2"></td></tr>
<tr><td>分类收集和清运</td><td>4</td></tr>
<tr><td rowspan="3">15. 垃圾集中运输
（注：第 15 和 16 项不同时评分）</td><td>垃圾即时清运</td><td>3</td><td rowspan="3">12</td><td rowspan="3"></td></tr>
<tr><td>密闭清运</td><td>4</td></tr>
<tr><td>冷冻或压缩运输</td><td>5</td></tr>
<tr><td rowspan="2">16. 采用有机垃圾生化处理设备、压缩设备，实现有机垃圾减量化、无害化</td><td>住区垃圾站设有压缩设备</td><td>4</td><td rowspan="2">12</td><td rowspan="2"></td></tr>
<tr><td>住区垃圾站设有有机垃圾处理设备</td><td>8</td></tr>
</table>

2.6　运行管理

2.6.1　规划设计阶段运行管理评分

规划设计阶段运行管理评分如表 2-16 所示。

规划设计阶段运行管理评分（100分）　　**表2-16**

<table>
<tr><th>项目</th><th colspan="2">措施与评分</th><th>满分</th><th>得分</th></tr>
<tr><td rowspan="4">节能管理（30分）</td><td colspan="2">1. 住宅用电、燃气、热（或冷）等采取分户、分类计量与收费</td><td>9</td><td></td></tr>
<tr><td colspan="2">2. 住区公共建筑用能系统采取分项计量措施</td><td>9</td><td></td></tr>
<tr><td colspan="2">3. 建筑自控系统（BAS）的设备监控子系统应具备针对公共区域不同用能设备的能耗统计、能耗评估和用能控制功能</td><td>6</td><td></td></tr>
<tr><td colspan="2">4. 公共区域（道路、公共活动空间、地下车库等）用能设有智能管理控制系统</td><td>6</td><td></td></tr>
<tr><td rowspan="4">节水管理（25分）</td><td colspan="2">5. 合理选择给水系统管道、阀门，以避免给水系统“跑、冒、滴、漏”</td><td>8</td><td></td></tr>
<tr><td colspan="2">6. 自来水、直饮水设有远程抄表系统</td><td>4</td><td></td></tr>
<tr><td colspan="2">7. 绿化用水设有计量装置，节水浇灌系统设计完善</td><td>7</td><td></td></tr>
<tr><td colspan="2">8. 在景观水体富营养化易发期，有提前预防措施，以免增加补水量</td><td>6</td><td></td></tr>
<tr><td>绿化管理（15分）</td><td colspan="2">9. 住区绿化系统设计具有生态环境功能、休闲活动功能和景观文化功能</td><td>15</td><td></td></tr>
<tr><td rowspan="2">垃圾管理（15分）</td><td colspan="2">10. 设置密闭的垃圾容器，并有严格的保洁清洗措施；住区设垃圾站时，垃圾收集或垃圾处理房设有风道或排风、冲洗和排水设施，处理过程无二次污染</td><td>8</td><td></td></tr>
<tr><td colspan="2">11. 垃圾容器（或垃圾站）的设置便于住户垃圾投放，同时便于环卫部门垃圾转运车辆停靠和生活垃圾的清运</td><td>7</td><td></td></tr>
<tr><td rowspan="11">智能化系统管理（15分）</td><td colspan="2">12. 住区设有完善的安全防范系统，包括周界防范、视频监控、楼宇访客对讲、巡更等子系统</td><td rowspan="5">6</td><td rowspan="5"></td></tr>
<tr><td>系统配置</td><td>评分</td></tr>
<tr><td>4个子系统配齐</td><td>6</td></tr>
<tr><td>缺少1~2个子系统</td><td>4</td></tr>
<tr><td>只配置一个子系统</td><td>2</td></tr>
<tr><td colspan="2">13. 住区设有完善的设备监控系统，包括住区给排水、变配电、公共照明和绿地喷洒、供热、集中空调和送/排风、电梯监视等子系统</td><td rowspan="5">5</td><td rowspan="5"></td></tr>
<tr><td>系统配置</td><td>评分</td></tr>
<tr><td>子系统配齐</td><td>5</td></tr>
<tr><td>配置多个子系统</td><td>3</td></tr>
<tr><td>只配置1~2子系统</td><td>1</td></tr>
<tr><td colspan="2">14. 住区设有功能齐全的网络通信系统</td><td>4</td><td></td></tr>
</table>

2.6.2　验收阶段运行管理评分

验收阶段运行管理评分如表 2-17 所示。

验收阶段运行管理评分（100分）　　**表2-17**

项目	措施与评分	满分	得分
节能管理（30 分）	1. 采暖空调系统各设备、自控系统及末端装置性能调试满足设计要求。有完整的调试报告和设备产品的存档文件	6	
	2. 全年运行监测工作完备，保证监测数据的有效性	6	
	3. 所有用能设备的运行和维护手册完备	5	
	4. 能源管理文件完善，可指导运行维护人员使所有用能设备在高节能水平下运行	5	
	5. 有定期培训计划，可对所有用能设备操作和维护人员提供必要的培训，保证其达到上岗要求	4	
	6. 制定并实施针对住户的节能教育与宣传计划	4	
节水管理（25 分）	7. 制定了科学的用水运行规划和操作规程	5	
	8. 住区内污废水收集、处理、处置合理，处理达标率达到 100%	5	
	9. 制定了给水系统管网、阀门的定期检测计划，给水系统无“跑、冒、滴、漏”现象	6	
	10. 有符合地理条件、气候条件和绿化景观需求的节水浇灌计划	5	
	11. 制定并实施针对住户的节水教育与宣传计划	4	
绿化管理（15 分）	12. 制定绿化管理制度，落实管理人员和管理措施	4	
	13. 栽种和移植的树木成活率大于 98%，植物生长状态良好	6	
	14. 采用无（或低）环境污染的绿化管理技术（灌溉、施肥、防病虫害等）	5	
垃圾管理（15 分）	15. 制定垃圾管理制度，对垃圾清运进行有效控制	4	
	16. 垃圾分类收集率（垃圾分类收集量占垃圾总量的比例）大于 90%	6	
	17. 存放垃圾及时清运，不污染环境，不散发臭味	5	
智能化系统管理（15 分）	18. 住区安全防范系统高效、实用，运行可靠	5	
	19. 住区设备监控系统可实现用能设备分区、分类的测量与控制	4	
	20. 住区网络通信系统使用方便，运行可靠	3	
	21. 制定了智能化系统运行管理制度和操作规程，并定期培训运行维护人员	3	

2.7　住区减碳量化评价

2.7.1　住区减碳技术要点

低碳住区的主要特征是其对资源和能源的需求较普通住区要小很多，（尤其是在住区运行期间）大大低于普通住区。降低住区资源和能源消耗，减少 CO_2 排放的主要技术措施如下：

1. 遵循非机动交通（含步行，自行车等）和公共交通优先原则，发展以人为本的交通体系和道路设计。
2. 优先发展可高效吸收 CO_2 的景观绿化体系。
3. 通过规划设计减少热岛效应，在改善室外环境舒适性的同时，减少建筑物的空调能耗。
4. 通过室外风环境优化设计，使建筑物前后压差在冬季不大于 5Pa，在夏季保持在 1.5Pa 左右，以减小冬季的冷风渗透和有利于夏季和过渡季的室内自然通风。
5. 合理布置住宅建筑平面，以有利于自然通风。
6. 充分利用天然采光，减少人工照明能耗。
7. 改善建筑围护结构的热工性能，降低建筑空调采暖负荷。
8. 合理选择建筑中各设备系统的能源供应方案，优化各设备系统的设计和运行。
9. 充分、高效利用各种可再生能源，减少空调、采暖、生活热水、炊事、照明等住宅常规能源的消耗，降低对环境的影响。
10. 依据高质水高用、低质水低用的用水原则，提高非自来水在用水总量中的比例，并结合节水器具和设备的使用，减少市政提供的自来水用量，从而减少自来水的生产能耗。
11. 采用节能高效的污水处理技术，实现污水处理与再生利用。
12. 使用可回收、可再生、可再利用和对环境影响小的建筑材料和建筑结构形式。
13. 尽可能就地取材。
14. 采用全生命周期内资源消耗少、环境影响小的物业办公和家庭用家电、家具产品。
15. 提倡居民自愿选择碳平衡手段，消减各种碳汇。

2.7.2　建筑节能及相应的 CO_2 减排量

1. 单位建筑面积 CO_2 排放量的基准值 B_{ec}

我国北方严寒和寒冷地区多采用市政热水集中供暖，而其他地区主要采取分户供暖方式，因此，单位建筑面积 CO_2 排放量的计算将根据不同地区分别计算：

严寒和寒冷地区：

$$B_{ec}=278\cdot\left[\gamma(Q_{rh}+Q_{rhw})\omega_{c,煤}+\left(\eta(Q_{rh}+Q_{hw})+\frac{Q_{rc}}{COP_{rc}}\right)\omega_{c,电}\right]$$

其他地区：

$$B_{ec}=278\cdot\left[\left(\frac{Q_{rh}}{COP_{rh}}+\frac{Q_{rc}}{COP_{rc}}\right)\omega_{c,电}+Q_{rhw}\omega_{c,电}\right]$$

式中：γ——市政热水供暖供热量折合系数，可取为 0.3；

η——市政热水输送损耗及耗电系数；

Q_{rh}——参考建筑单位面积全年耗热量，GJ/m^2；

Q_{rc}——参考建筑单位面积全年耗冷量，GJ/m^2；

Q_{rhw}——参考建筑单位面积全年生活热水耗热量，GJ/m^2；

COP_{rc}——以热泵作为参考采暖空调系统的供冷季平均性能系数；

COP_{rh}——以热泵作为参考采暖空调系统的供热季平均性能系数；

$\omega_{c,电}$——电的 CO_2 排放指标，参见表 2-18；

$\omega_{c,煤}$——煤的 CO_2 排放指标，参见表 2-18。

表 2-18 给出了单位能耗的 CO_2 排放指标 $\omega_{c,j}$（下标 j 可为煤、电、燃油和天然气等）。表中给出的指标是根据一般利用技术的排放统计平均值。

不同能源种类单位能耗的CO_2排放指标$\omega_{c,j}$kg/（kWh） **表2-18**

电	燃气	燃油	煤
0.95	0.1984	0.31	0.39

2. 单位建筑面积 CO_2 排放量的实际值 P_{ec}

单位建筑面积 CO_2 排放量的实际值 P_{ec} 的计算可参照基准值的算法，计算公式如下：

严寒和寒冷地区：

$$P_{ec}=278\cdot\left[\gamma(Q_{h}+Q_{hw})\omega_{c,煤}+\left(\eta Q_{h}+\frac{Q_{c}}{COP_{c}}\right)\omega_{c,j}+Q_{hw}\omega_{c,j}\right]$$

其他地区：

$$P_{ec}=278\cdot\left[\left(\frac{Q_h}{COP_h}+\frac{Q_c}{COP_c}\right)\omega_{c,j}+Q_{hw}\omega_{c,j}\right]$$

式中：Q_h——实际建筑单位面积全年耗热量，GJ/m^2；

Q_c——实际建筑单位面积全年耗冷量，GJ/m^2；

Q_{hw}——实际建筑单位面积全年生活热水耗热量，GJ/m^2；

COP_c——实际采暖空调系统的供冷季平均性能系数；

COP_h——实际采暖空调系统的供热季平均性能系数；

$\omega_{c,j}$——不同能源种类单位耗能的CO_2排放指标，参见表2-18。

单位面积全年耗热量、耗冷量以及生活热水耗热量均为实际建筑能耗值，采暖空调系统的供冷季和供热季平均性能系数应根据建筑实际能源系统确定。

3. 与建筑能耗相对应的 CO_2 排放状况评价

这里以 CO_2 排放指数作为评估指标，即以单位建筑面积 CO_2 排放量的基准值为 100 计来折算 CO_2 排放量的实际值，则建筑能耗的 CO_2 排放指数为：

$$CO_2\text{排放指数}=\frac{P_{ec}}{B_{ec}}\times 100\,(\%)$$

当某住区能耗 CO_2 排放指数为 75 时，表示该住区节能 CO_2 减排 25%。

2.7.3　住区节水及相应的 CO_2 减排量

1. 制水过程 CO_2 排放指标

从水量平衡和水质平衡出发水环境系统低碳评价包括两方面，一方面是节约、高效利用水资源，减少生产、输送过程中的耗能所产生的 CO_2 排放量，以及采用绿色水处理技术降低能耗所减少的 CO_2 排放量；另一方面是污染物去除过程中碳源转化所减排的 CO_2 量。

经调查，我国给水行业平均制水单耗约为 $0.3kWh/m^3$，这部分耗电主要为动力消耗，而生产 1kWh 电产生 CO_2 约 1kg，即生产一吨水排放的 CO_2 为 0.3kg。

目前，我国二级污水处理平均耗电指标 0.25kWh/m^3 水，即处理一吨污水动力消耗所排放的 CO_2 为 0.25kg；碳源转化所排放 CO_2 量为 0.55~0.85kg/m^3 水。给水、排水处理、住区自建再生水站以及采用绿色水处理技术制供再生水所折算的 CO_2 排放指标如表 2-19 所示。

吨水碳排放量（kg/m^3） **表2-19**

项目	给水	排水处理	绿色水处理技术
动力消耗产生的 CO_2 排放 W（kg/m^3）	0.30	0.25	0.10~0.25
碳源转化产生的 CO_2 排放 C（kg/m^3）	—	0.55~0.85	0.10~0.55

2. CO_2 排放量的基准值 B_{cw}（kg/m^2）

B_{cw} 取决于用水量基准值的选择。这里总用水量基准值以 2005 年份相关标准、规范定额为基准，生活用水量基准值按照《居民生活用水量基 2005 年基准值》确定。

$$B_{CW}=(W_1Q_{B1}+(W_2+C_2)Q_{B2})/A$$

式中，W_1——给水系统动力消耗产生的 CO_2，通常 W_1=0.3kg/m^3；

W_2——污水处理系统动力消耗产生的 CO^2，通常 W_2=0.25kg/m^3；

C_2——污水处理系统中碳源转化的 CO_2，通常 C_2=0.55~0.85kg/m^3；

Q_{B1}——住区生活用水用量基准值，m^3/a；

Q_{B2}——排放至污水管网的生活污水量基准值，m^3/a；

A——住区总建筑面积，m^2。

3. CO_2 排放量的实际值 P_{CW}（kg/m^2）

$$P_{CW}=(W_1Q_1+(W_2+C_2)Q_2+(W_3+C_3)Q_3)/A$$

式中，W_1、W_2 和 C_2 取值同前；

W_3——住区污水处理站动力消耗产生的 CO_2，取值范围为 0.10~0.25kg/m^3；

C_3——住区污水处理站碳源转化的 CO_2，取值范围为 0.10~0.55kg/m^3；

Q_1——采用节水规划方案后，住区自来水用量设计总值，运行阶段为实测表值，m^3/a；

Q_2——采用节水规划方案后，排放至市政污水管网的污水量设计总值，运行阶段为实测表值，m^3/a；

Q_3——住区污水处理站处理水量，m^3/a。

P_{CW} 计算分为以下三种情况：

（1）住区无自建再生水站，且无市政再生水供给，只是采用节水技术及节水措施节约自来水用量。

此情况下 CO_2 排放量由以下两部分组成：一部分是市政给水系统动力消耗所间接排放的 CO_2，即 W_1Q_1；另一部分是市政污水处理系统动力消耗所间接排放的 CO_2 以及污染物去除过程中碳源转化的 CO_2，即（W_2+C_2）Q_2，该情况下（W_3+C_3）Q_3 为零。

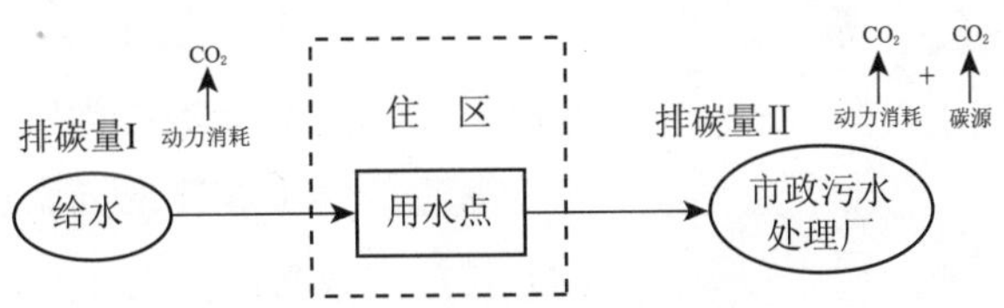

图 2-1　水环境系统 CO_2 排放示意 -1

（2）因市政配套等因素，除采用节水措施和器具之外，住区自建再生水站，并作为住区景观、绿化、冲厕等杂用水，替代部分自来水，从而节约自来水用量。这种情况下的 CO_2 排放由以下三部分组成，一部分是市政给水系统动力消耗所排放的 CO_2，即 W_1Q_1；另一部分是市政污水处理系统动力消耗所排放的 CO_2 以及碳源转化所排放的 CO_2，即（W_2+C_2）Q_2；第三部分是住区再生水站动力消耗所排放的 CO_2 和污染物中碳源转化的 CO_2，即（W_3+C_3）Q_3。

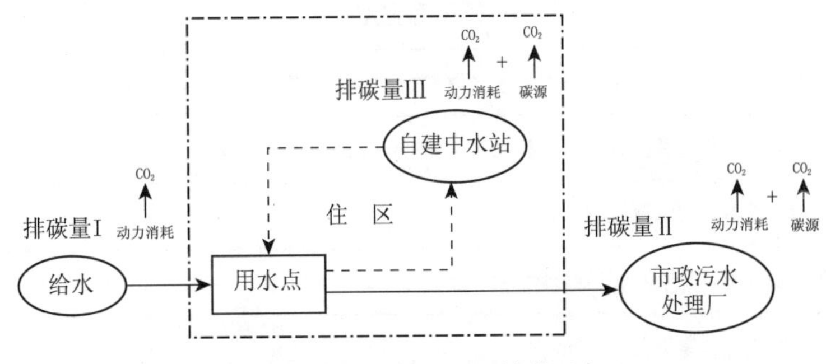

图 2-2　水环境系统 CO_2 排放示意 -2

（3）住区无自建再生水站，但有市政再生水供给，且利用市政再生水作为住区景观、绿化、冲厕等杂用水，替代部分自来水，从而节约自来水用量。其相应减少的 CO_2 排放量如下图所示，包括 W_1Q_1 和（W_2+C_2）Q_2，该情况下（W_3+C_3）Q_3 为零。

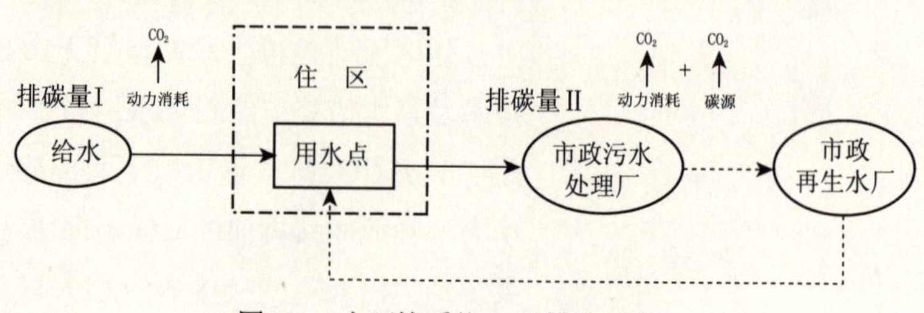

图 2-3　水环境系统 CO_2 排放示意 -3

4. 与住区用水相对应的 CO_2 排放状况评价

这里以 CO_2 排放指数作为评价指标，即以单位建筑面积 CO_2 排放量的基准值为 100 计来折算 CO_2 排放量的实际值，则住区用水的 CO_2 排放指数为：

$$CO_2排放指数=\frac{P_{cw}}{B_{cw}}\times 100(\%)$$

当某住区用水 CO_2 排放指数为 75 时，表示该住区节水 CO_2 减排 25%。

2.7.4　住区绿化系统对 CO_2 的固定量

根据表 2-20 确定各种植栽方式单位面积 40 年 CO_2 的固定量（kg/m^2）。

不同栽植方式单位面积40年 CO_2 固定量比较表　　表2-20

栽植方式	CO_2 固定量
大小乔木、灌木、花草密植混种区（乔木平均种植间距＜ 3.0m，土壤深度＞ 1.0m）	1100
大小乔木密植混种区（平均种植间距＜ 3.0m，土壤深度＞ 0.9m）	900
落叶大乔木（土壤深度＞ 1.0m）	808
落叶小乔木、针叶木或疏叶性乔木（土壤深度＞ 1.0m）	537
大棕榈类（土壤深度＞ 1.0m）	410

续表

栽植方式	CO_2 固定量
密植灌木丛（高约 1.3m，土壤深度＞0.5m）	438
密植灌木丛（高约 0.9m，土壤深度＞0.5m）	326
密植灌木丛（高约 0.45m，土壤深度＞0.5m）	205（灌木丛标准值）
多年生蔓藤（以立体攀附面积计量，土壤深度＞0.5m）	103
高草花花圃或高茎野草地（高约 1.0m，土壤深度＞0.3m）	46
一年生蔓藤、低草花花圃或低茎野草地（高约 0.25m，土壤深度＞0.3m）	14
人工修剪草坪	0

注：绿化的 40 年 CO_2 固定量计算值必须大于基准值 600kg/m^2。

1. 单位建筑面积 CO_2 固定量的增加值

从表 2-20 可以看出，采用复层绿化栽植方式可以大大提高绿化对 CO_2 的固定量。按单位建筑面积折算绿化系统的 CO_2 固定量与基准相比的增加值计算如下：

$$G_{CA}=\frac{G_C-600}{40}\times\frac{R_g A_s}{A}$$

式中，G_{CA}——折算到单位建筑面积的绿化系统年 CO_2 固定量，kg/m^2；

G_C——单位绿地面积的绿化系统 40 年 CO_2 固定量，kg/m^2；

R_g——住区绿地率，%；

A_s——住区总用地面积，m^2；

A——住区总建筑面积，m^2。

2. 与绿化相对应的 CO_2 吸收状况评价

这里以 CO_2 吸收指数作为评估指标，即以单位面积绿化对 CO_2 吸收量的基准值为 100 计来折算 CO_2 吸收量的实际值，

$$CO_2\text{吸收指数}=\frac{G_C}{600}\times 100(\%)$$

当某住区绿化 CO_2 吸收指数为 150 时，表示该住区绿化多吸收 50% 的 CO_2。

2.7.5　低碳交通及对应的 CO_2 减排量

低碳交通要求住区周边有便利的公共交通系统，住区内交通规划有利于步行，学校、幼儿园、社区中心、商业等公用服务设施的布置以居民步行 1000m 内可到达为度，减少住区内部的交通量。

1. 单位面积 CO_2 排放的基准值 B_{TC}

倡导住区业主每天少开 1km 车，减少车辆出行，减少交通所产生的 CO_2 排放。以住区全部车辆不参与步行倡导为基准，则排碳基准值计算如下：

$$B_{TC}=365W_1E_cP_s/A$$

式中，B_{TC}——住区内部及周边交通 CO_2 排放量的基准值，kg/m^2；

W_1——住区内居民每天在区内及周边的平均步行公里数，暂按 1km 计算；

E_c——机动车单位里程的排碳量，小型车为 0.18kg/km；

P_s——住区机动车位数；

A——住区总建筑面积。

2. 单位面积 CO_2 排放实际值 P_{TC}

住区内部及周边交通 CO_2 排放量的实际值 P_{TC} 的计算可参照基准值计算公式，其中住区机动车停车位数 P_s 采用不参与“每天少开 1km 车”倡导车辆数。

3. 与低碳交通相对应的 CO_2 排放状况评价

这里以 CO_2 排放指数作为评估指标，即以单位建筑面积 CO_2 排放量的基准值为 100 计来折算 CO_2 排放量的实际值，则低碳交通 CO_2 排放指数为：

$$CO_2\text{排放指数}=\frac{P_{TC}}{B_{TC}}\times 100(\%)$$

当某住区交通 CO_2 排放指数为 25 时，表示该住区 75% 车辆参与“每天少开 1km 车”的低碳倡导，则交通 CO_2 减排 75%。

2.7.6　住区运行期低碳评价

1. 住区 CO_2 减排量

根据建筑节能、节水和交通的 CO_2 减排量以及绿化系统的 CO_2 固定量，可以算出住区总的可量化 CO_2 减排量：

$$T_C=G_{CA}+(B_{ec}-P_{ec})+(B_{cw}-P_{cw})+(B_{TC}-P_{TC})$$

2. 住区运行期低碳评价

这里以住区低碳指数（L_C）作为评估指标，即以单位建筑面积全年 CO_2 排放量的基准值为 100 计来折算住区实际 CO_2 排放值：

$$L_c=\frac{P_{ec}+P_{cw}-\dfrac{G_cR_gA_s}{40A}+P_{TC}}{B_{ec}+B_{cw}-\dfrac{15R_gA_s}{A}+B_{TC}}\times 100(\%)$$

当某住区低碳指数为 50 时，表示该住区的 CO_2 减排为 50%。

2.7.7　住区建造期低碳评价

1. 建筑材料生产过程 CO_2 排放基准值

目前主要建筑材料生产过程 CO_2 排放的基准值如表 2-21 所示。

单位重量建筑材料生产过程中排放 CO_2 的指标基准值 X_{Bi}（t/t）　　表2-21

钢材	铝材	水泥	建筑玻璃	建筑卫生陶瓷	混凝土砌块	木材制品
2.0	9.5	0.8	1.4	1.4	0.12	0.2

单位建筑面积所用建筑材料生产过程中排放的 CO_2 的基准值 B_{mc}（t/m^2）：

$$B_{mc}=\frac{\sum_{i=1}^{n}B_i\left[X_{Bi}(1-\alpha)+\alpha X_{rBi}\right]}{A}$$

式中：X_{Bi}——第 i 种建筑材料生产过程中单位重量排放 CO_2 的指标基准值，t/t；

B_i——建筑所用第 i 种建筑材料的重量总和，t；

A——总建筑面积，m^2；

α——建筑所用第 i 种建筑材料的回收率，%；

X_{rBi}——建筑所用第 i 种建筑材料的回收过程排放 CO_2 指标基准值，t/t。

回收的建筑材料循环再生过程同样需要消耗能源并排放 CO_2。我国回收钢材重新加工的 CO_2 排放量为钢材原始生产 CO_2 排放量的 20%~50%，可取 40% 计算；可循环再生铝生产 CO_2 排放量占原生铝的 5%~8%，可取 6% 计算。因此，建筑材料回收再生产过程排放 CO_2 的指标为：钢材为 0.8t/t， 铝材为 0.57t/t。

2. 建筑材料生产过程 CO_2 排放实际值

单位建筑面积建筑材料生产过程中 CO_2 排放量的实际值 P_{mc} 的计算可参照基准值计算公式，其中第 i 种建筑材料生产过程中单位重量排放 CO_2 的指标和建筑所用第 i 种建筑材料的回收过程排放 CO_2 指标均采用实际值。

3. 建筑材料生产过程 CO_2 排放状况评价

这里以 CO_2 排放指数作为评估指标，即以单位建筑面积建筑材料生产过程 CO_2 排放量的基准值为 100 计来折算 CO_2 排放量的实际值：

$$CO_2\text{排放指数} = \frac{P_{mc}}{B_{mc}} \times 100(\%)$$

当某住区建筑材料 CO_2 排放指数为 75 时，表示该住区使用的建筑材料生产过程 CO_2 减排 25%。

2.8　绿色低碳技术评价方法

绿色低碳技术评价分成两部分，一部分为绿色生态评价，另一部分为减碳量化评价。

绿色生态评价以 2.1~2.6 节绿色住区评估体系为标准，分住区规划与住区环境、能源与环境、室内环境质量、住区水环境、材料与资源以及运行管理等 6 个部分予以评分。

减碳量化评价是在绿色生态评价基础上，采用目前可以量化的减碳评估指标（包括节能减碳、节水减碳、绿化碳汇、交通减碳、使用低碳建材等 5 方面），根据综合减碳量对项目进行减碳评价。

2.8.1　绿色生态评价方法

绿色生态评价以绿色住区评估体系为标准，由必备条件审核、规划设计阶段评分标准和验收阶段评分标准 3 部分构成。

必备条件审核旨在对参评项目是否满足国家法规、标准和规范要求，以及是否符合生态住区基本要求进行审核。不符合必备条件中的任何一条，都不能参加住区绿色生态的评估。

规划设计阶段评分和验收阶段评分都是以评估体系的 6 个子项为基础的。每个子项均为 100 分，每个阶段总分为 600 分，两个阶段总分合计为 1200 分。

1. 评分原则

（1）按照 2.1~2.6 节的评分表分阶段、分子项进行评分。

（2）对于具有明确量化指标的措施，依据量化指标进行评分。

（3）对于非量化的措施，依据评分原则和专家经验进行评分。

（4）各项措施的最终得分取各评估专家评分的算术平均值。

（5）按子项对各措施的得分进行累计，得到单项总分(满分 100 分)。

（6）按阶段对各子项得分进行累计，得到阶段总分（满分 600 分）。

（7）将两个阶段总分相加，得到项目总分（满分 1200 分）。

2. 评价方法

参评项目的评估方式分为单项评估、阶段评估和综合评估 3 种。

（1）单项评估是对参评项目按单个子项进行评估。符合单项生态要求的参评项目的单项总分必须达到 70 分以上。

（2）阶段评估是对参评项目本阶段各个子项的全面评估。符合阶段生态要求的参评项目的各单项总分必须达到 60 分以上，阶段总分达到 360 分以上。

（3）综合评估是对参评项目包括各阶段、各子项的全程评估。符合住区生态要求的参评项目，其单项总分必须达到 60 分以上，阶段总分达到 360 分以上，综合评估达到 720 分以上。

2.8.2　减碳量化评价方法

1. 针对养老住区进行项目整体评估，以住区达到绿色生态基本要求为前提。

2. 使用低碳建材的减碳量体现在住区建造期，需单独评价。
3. 节能减碳、节水减碳、绿化碳汇、交通减碳均体现在住区运行期，需根据各项的综合减碳量评价。
4. 以住区每年每平方米的综合减碳量为评估指标。
5. 综合减碳量达到 20kg/（m^2·a）以上为 AAA 级绿色低碳住区；综合减碳量达到 16kg/（m^2·a）以上为 AA 级绿色低碳住区；综合减碳量达到 12kg/（m^2·a）以上为 A 级绿色低碳住区。

第三章　住宅性能认定

本章系中国绿色养老住区联合评估认定体系的第三个组成部分。

中国绿色养老住区联合评估认定体系由养老住区技术评估、绿色低碳住区技术评估和住宅性能认定三个部分组成。

住宅性能认定重点关注住宅性能方面的情况，分适用性能、环境性能、经济性能、安全性能和耐久性能 5 个方面给出了住宅性能评定指标。

住宅性能认定详细内容可参考《住宅性能评定技术标准》GB/T 50362-2005，评审工作包括设计审查、中期检查、终审 3 个环节。其中设计审查在初步设计完成之后进行，中期检查在主体结构施工阶段进行，终审在项目竣工后进行。为便于操作，本章只摘录了 GB/T 50362-2005 中评定指标打分表。

3.1　适用性能的评定

住宅适用性能评定指标如表 3-1 所示。

住宅适用性能评定指标（250分）　　表3-1

<table>
<tr><th>评定项目</th><th>分项</th><th>子项序号</th><th colspan="2">定性定量指标</th><th>分值</th></tr>
<tr><td rowspan="7">单元平面（30）</td><td rowspan="5">单元平面布局（15）</td><td rowspan="3">A01</td><td rowspan="3">功能空间布局合理、功能关系紧凑、空间利用充分</td><td>Ⅲ很合理</td><td>10</td></tr>
<tr><td>Ⅱ合理</td><td>（7）</td></tr>
<tr><td>Ⅰ基本合理</td><td>（4）</td></tr>
<tr><td>A02</td><td colspan="2">平面规整，平面设凹口时，其深度与开口宽度之比＜2</td><td>2</td></tr>
<tr><td>A03</td><td colspan="2">平面进深、户均面宽大小适度</td><td>3</td></tr>
<tr><td rowspan="2">模数协调和可改造性（5）</td><td>A04</td><td colspan="2">住宅平面设计符合模数协调原则</td><td>3</td></tr>
<tr><td>A05</td><td colspan="2">结构体系有利于空间的灵活分隔</td><td>2</td></tr>
</table>

续表

评定项目	分项	子项序号	定性定量指标		分值
单元平面（30）	单元公共空间（10）	A06	门厅和候梯厅有自然采光，窗地面积比≥ 1/10		2
		A07	单元入口处设进厅或门厅	Ⅲ 门厅或进厅使用面积：高层、中高层≥ 18 m^2；多层≥ 6m^2，并设独立信报间	3
				Ⅱ 门厅或进厅使用面积：高层、中高层≥ 15 m^2；多层≥ 4.5 m^2，并设信报箱	（2）
				Ⅰ 门厅或进厅使用面积：高层≥ 15 m^2；中高层≥ 10 m^2；多层≥ 3.5 m^2	（1）
		A08	电梯候梯厅深度不小于多台电梯中最大轿箱深度，且≥ 1.5m		1
		A09	楼梯段净宽≥ 1.1m，平台宽≥ 1.2m，踏步宽度≥ 260mm，踏步高度≤ 175mm		2
		A10	高层住宅每层设垃圾间或垃圾收集设施，且便于清洁		2
住宅套型（75）	套内功能空间设置和布局（45）	A11	★套内居住空间、厨房、卫生间等基本空间齐备		7
		A12	套内设贮藏空间、用餐空间以及阳台，并配置有	Ⅲ 书房（工作室）、贮藏室、独立餐厅以及入口过渡空间	5
				Ⅱ 书房（工作室）、及入口过渡空间	（3）
				Ⅰ 入口过渡空间	（2）
		A13	功能空间形状合理，起居室、卧室、餐厅长短边之比≤ 1.8		5
		A14	起居室（厅）、卧室有自然通风和采光，无明显视线干扰和采光遮挡，窗地面积比不小于 1/7		5
		A15	☆每套住宅至少有一个居住空间获得日照。当有 4 个以上居住空间时，其中有 2 个或 2 个以上居住空间获得日照		6
		A16	起居室、主要卧室的采光窗不朝向凹口和天井		3
		A17	套内交通组织顺畅，不穿行起居室（厅）、卧室		3
		A18	套内纯交通面积≤使用面积的 1/20		2
		A19	餐厅、厨房流线联系紧密		2
		A20	☆厨房有直接采光和自然通风，且位置合理，对主要居住空间不产生干扰		3
		A21	★ 3 个及 3 个以上卧室的套型至少配置 2 个卫生间		2
		A22	至少设 1 个功能齐全的卫生间		2

续表

<table>
<tr><th>评定项目</th><th>分项</th><th>子项序号</th><th colspan="2">定性定量指标</th><th>分值</th></tr>
<tr><td rowspan="6">住宅套型（75）</td><td rowspan="6">功能空间尺度（30）</td><td>A23</td><td colspan="2">主要功能空间面积配置合理</td><td>7</td></tr>
<tr><td>A24</td><td colspan="2">起居室（厅）供布置家具、设备的连续实墙面长度≥ 3.6m</td><td>5</td></tr>
<tr><td>A25</td><td colspan="2">双人卧室开间≥ 3.3m</td><td>5</td></tr>
<tr><td>A26</td><td colspan="2">厨房操作台总长度≥ 3.0m</td><td>4</td></tr>
<tr><td>A27</td><td colspan="2">贮藏空间（室）使用面积≥ 3m²</td><td>4</td></tr>
<tr><td>A28</td><td colspan="2">起居室、卧室空间净高≥ 2.4m，且≤ 2.8m</td><td>5</td></tr>
<tr><td rowspan="9">建筑装修（25）</td><td rowspan="3">套内装修（17）</td><td>A29</td><td colspan="2">门窗和固定家具采用工厂生产的成型产品</td><td>2</td></tr>
<tr><td rowspan="2">A30</td><td rowspan="2">装修做法</td><td>★Ⅱ装修到位</td><td>15</td></tr>
<tr><td>Ⅰ厨房、卫生间装修到位</td><td>（10）</td></tr>
<tr><td rowspan="6">公共部位装修（8）</td><td rowspan="3">A31</td><td rowspan="3">门厅、楼梯间或候梯厅装修</td><td>Ⅲ很好</td><td>4</td></tr>
<tr><td>Ⅱ好</td><td>（3）</td></tr>
<tr><td>Ⅰ较好</td><td>（2）</td></tr>
<tr><td rowspan="3">A32</td><td rowspan="3">住宅外部装修</td><td>Ⅲ很好</td><td>4</td></tr>
<tr><td>Ⅱ好</td><td>（3）</td></tr>
<tr><td>Ⅰ较好</td><td>（2）</td></tr>
<tr><td rowspan="11">隔声性能（25）</td><td rowspan="5">楼板（6）</td><td rowspan="2">A33</td><td rowspan="2">楼板计权标准化撞击声压级</td><td>★Ⅱ≤ 65dB</td><td>3</td></tr>
<tr><td>Ⅰ≤ 75dB</td><td>（2）</td></tr>
<tr><td rowspan="3">A34</td><td rowspan="3">楼板的空气声计权隔声量</td><td>★Ⅲ≥ 50dB</td><td>3</td></tr>
<tr><td>Ⅱ≥ 45dB</td><td>（2）</td></tr>
<tr><td>Ⅰ≥ 40dB</td><td>（1）</td></tr>
<tr><td rowspan="6">墙体（15）</td><td rowspan="3">A35</td><td rowspan="3">分户墙空气声计权隔声量</td><td>★Ⅲ≥ 50dB</td><td>6</td></tr>
<tr><td>Ⅱ≥ 45dB</td><td>（4）</td></tr>
<tr><td>Ⅰ≥ 40dB</td><td>（3）</td></tr>
<tr><td rowspan="3">A36</td><td rowspan="3">含窗外墙的空气声计权隔声量</td><td>Ⅲ≥ 40dB</td><td>3</td></tr>
<tr><td>Ⅱ≥ 35dB</td><td>（2）</td></tr>
<tr><td>Ⅰ≥ 30dB</td><td>（1）</td></tr>
</table>

续表

<table>
<tr><th>评定项目</th><th>分项</th><th>子项序号</th><th colspan="2">定性定量指标</th><th>分值</th></tr>
<tr><td rowspan="8">隔声性能（25）</td><td rowspan="6">墙体（15）</td><td rowspan="3">A37</td><td rowspan="3" colspan="1">户门空气声计权隔声量</td><td>Ⅲ≥ 40dB</td><td>3</td></tr>
<tr><td>Ⅱ≥ 30dB</td><td>（2）</td></tr>
<tr><td>Ⅰ≥ 25dB</td><td>（1）</td></tr>
<tr><td rowspan="3">A38</td><td rowspan="3">与卧室和书房相邻的分室墙空气声计权隔声量</td><td>Ⅲ≥ 40dB</td><td>3</td></tr>
<tr><td>Ⅱ≥ 35dB</td><td>（2）</td></tr>
<tr><td>Ⅰ≥ 30dB</td><td>（1）</td></tr>
<tr><td>管道（2）</td><td>A39</td><td colspan="2">排水管道平均噪声量≤ 50dB</td><td>2</td></tr>
<tr><td>设备（2）</td><td>A40</td><td colspan="2">电梯、水泵、风机、空调等设备采取了减振、消声和隔声措施</td><td>2</td></tr>
<tr><td rowspan="16">设备设施（75）</td><td rowspan="5">厨卫设备（17）</td><td>A41</td><td colspan="2">厨房按“洗、切、烧”炊事流程布置，管道定位接口与设备位置一致，方便使用</td><td>3</td></tr>
<tr><td>A42</td><td colspan="2">厨房设备成套配置</td><td>4</td></tr>
<tr><td>A43</td><td colspan="2">卫生间平面布置有序、管道定位接口与设备位置一致，方便使用</td><td>3</td></tr>
<tr><td>A44</td><td colspan="2">卫生间沐浴、便溺、盥洗设施配套齐全</td><td>4</td></tr>
<tr><td>A45</td><td colspan="2">洗衣机位置设置合理，并设有洗衣机专用水嘴与地漏，有晾衣空间</td><td>3</td></tr>
<tr><td rowspan="11">给排水与燃气系统（20）</td><td>A46</td><td colspan="2">给排水与燃气设施完备</td><td>2</td></tr>
<tr><td>A47</td><td colspan="2">给排水、燃气系统的设计容量满足国家标准和使用要求</td><td>2</td></tr>
<tr><td rowspan="2">A48</td><td rowspan="2">热水供应系统</td><td>Ⅱ设 24h 集中热水供应，采用循环热水系统</td><td>4</td></tr>
<tr><td>Ⅰ预留热水管道和热水器位置</td><td>（2）</td></tr>
<tr><td>A49</td><td rowspan="3">室内排水系统</td><td>排水设备和器具分别设置存水弯，存水弯水封深度≥ 50mm</td><td>2</td></tr>
<tr><td>A50</td><td>排水立管检查口设在管井内时，有方便清通的检查门或接口</td><td>1</td></tr>
<tr><td>A51</td><td>不与会所和餐饮业的排水系统共用排水管，在室外相连之前设水封井</td><td>2</td></tr>
<tr><td>A52</td><td colspan="2">管道、管线布置采用暗装，布置合理；燃气管道及计量仪表暗装时，采用相应的安全措施</td><td>1</td></tr>
<tr><td>A53</td><td colspan="2">厨房和卫生间立管集中设在管井内，管井紧邻卫生间和厨房布置</td><td>2</td></tr>
<tr><td>A54</td><td colspan="2">户内计量仪表（包括远传仪表、卡表等）、阀门和检查口等的位置方便检修和日常维护</td><td>2</td></tr>
<tr><td>A55</td><td colspan="2">给水总立管、雨水立管、消防立管和公共功能的阀门及用于总体调节和检修的部件，设在共用部分</td><td>2</td></tr>
</table>

续表

<table>
<tr><th>评定项目</th><th>分项</th><th>子项序号</th><th colspan="2">定性定量指标</th><th>分值</th></tr>
<tr><td rowspan="20">设备设施（75）</td><td rowspan="10">采暖、通风与空调系统（20）</td><td>A56</td><td colspan="2">在自然状态下居住空间通风顺畅，外窗可开启面积不小于该房间地面面积的 1/20</td><td>4</td></tr>
<tr><td>A57</td><td colspan="2">严寒、寒冷地区设置采暖系统，夏热冬冷地区有采暖措施和空调设施，夏热冬暖地区有空调设施</td><td>2</td></tr>
<tr><td>A58</td><td colspan="2">空调室外机位置和风口等设施布置合理，冷凝水单独有组织排放</td><td>1</td></tr>
<tr><td rowspan="3">A59</td><td rowspan="3">新风系统</td><td>Ⅲ 设有组织的新风系统，新风经过滤、加热加湿（冬季）或冷却去湿（夏季）等处理后送入室内，新风量≥每人每小时 $30m^3$。室内湿度夏季≤ 70%，冬季≥ 40%</td><td>4</td></tr>
<tr><td>Ⅱ 设有组织的新风系统，新风经过滤处理。新风量≥每人每小时 $30m^3$</td><td>（3）</td></tr>
<tr><td>Ⅰ 设有组织的换气装置</td><td>（2）</td></tr>
<tr><td>A60</td><td colspan="2">厨房设竖向和水平烟（风）道有组织地排放油烟，竖向烟（风）道最不利点最大静压≤ –1.0Pa，如达不到时，6 层以上住宅在屋顶设机械排风装置</td><td>3</td></tr>
<tr><td>A61</td><td colspan="2">严寒、寒冷和夏热冬冷地区卫生间设竖向风道</td><td>2</td></tr>
<tr><td>A62</td><td colspan="2">暗卫生间及严寒、寒冷和夏热冬冷地区的卫生间设机械排风装置</td><td>3</td></tr>
<tr><td>A63</td><td colspan="2">采暖供回水总立管、公共功能的阀门和用于总体调节和检修的部件，设在公共部位</td><td>1</td></tr>
<tr><td rowspan="10">电气设备与设施（18）</td><td rowspan="3">A64</td><td rowspan="3">除布置洗衣机、冰箱、排风机械、空调器等处设专用单相三线插座外，电源插座数量满足：</td><td>Ⅲ 起居室、卧室、书房、厨房≥ 4 组；餐厅、卫生间≥ 3 组；阳台≥ 2 组</td><td>6</td></tr>
<tr><td>Ⅱ 起居室、卧室、书房、厨房≥ 3 组；餐厅、卫生间≥ 2 组；阳台≥ 1 组</td><td>（5）</td></tr>
<tr><td>Ⅰ 起居室、书房≥ 3 组；卧室、厨房≥ 2 组；卫生间≥ 1 组；餐厅≥ 1 组</td><td>（4）</td></tr>
<tr><td rowspan="3">A65</td><td rowspan="3">每套住宅的空调电源插座、普通电源插座与照明应分路设计，厨房电源插座和卫生间设独立回路，分支回路数量为：</td><td>Ⅲ 分支回路数≥ 7，预留备用回路数≥ 3</td><td>6</td></tr>
<tr><td>Ⅱ 分支回路数≥ 6</td><td>（5）</td></tr>
<tr><td>Ⅰ 分支回路数≥ 5</td><td>（4）</td></tr>
<tr><td>A66</td><td rowspan="2">电梯设置</td><td>6 层及以下多层住宅设电梯</td><td>2</td></tr>
<tr><td>A67</td><td>☆ 7 层及以上住宅设电梯，12 层级以上至少设 2 部电梯，其中 1 部消防电梯</td><td>2</td></tr>
<tr><td>A68</td><td colspan="2">楼内公共部位设人工照明，照度≥ 30lx</td><td>1</td></tr>
<tr><td>A69</td><td colspan="2">电气、电讯干线（管）和公共功能的电气设备及用于总体调节和检修的部件，设在公共部位</td><td>1</td></tr>
</table>

续表

评定项目	分项	子项序号	定性定量指标	分值
无障碍设施（20）	套内无障碍设施（7）	A70	户内同层楼（地）面高差≤ 20mm	2
		A71	入户过道净宽≥ 1.2m，其他通道净宽≥ 1.0m	3
		A72	户门门扇开启净宽度≥ 0.8m	2
	单元公共区域无障碍设施（5）	A73	7 层及以上住宅，每单元至少设 1 部可容纳担架的电梯，且为无障碍电梯	2
		A74	单元公共出入口有高差时设轮椅坡道和扶手，且坡度符合要求	3
	住区无障碍设施（8）	A75	居住区各级道路均按无障碍要求设置，并保证通行的连贯性	2
		A76	公共绿地的入口、道路及休息凉亭等设施的地面平整、防滑，地面有高差时，设轮椅坡道和扶手	2
		A77	公共服务设施的出入口通道按无障碍要求设计	2
		A78	公用厕所至少设一套满足无障碍设计要求的厕位和洗手盆	2

3.2　环境性能的评定

住宅环境性能评定指标如表 3-2 所示。

住宅环境性能评定指标（250分）　　表3-2

评定项目	分项	子项序号	定性定量指标	分值
用地与规划（70）	用地（12）	B01	因地制宜、合理利用原有地形地貌	4
		B02	重视场地内原有自然环境及历史文化遗迹的保护和利用	4
		B03	☆远离污染源，避免和有效控制水体、空气、噪声、电磁辐射等污染	4
	空间布局（18）	B04	按照住区规模，合理确定规划分级，功能结构清晰，住宅建筑密度控制适当，保持合理的住区用地平衡	4
		B05	住栋布置满足日照与通风的要求、避免视线干扰	6
		B06	空间层次与序列清晰，尺度恰当	4
		B07	院落空间有较强的领域感和可防卫性，有利于邻里交往与安全	4

续表

<table>
<tr><th>评定项目</th><th>分项</th><th>子项序号</th><th colspan="2">定性定量指标</th><th>分值</th></tr>
<tr><td rowspan="12">用地与规划（70）</td><td rowspan="11">道路交通（34）</td><td>B08</td><td colspan="2">道路系统构架清晰、顺畅，避免住区外部交通穿行，满足消防、救护要求；在地震设防地区，还应考虑减灾、救灾要求</td><td>6</td></tr>
<tr><td>B09</td><td colspan="2">出入口合理，方便与外界联系</td><td>4</td></tr>
<tr><td>B10</td><td colspan="2">住区内道路路面及便道选材和构造合理</td><td>4</td></tr>
<tr><td rowspan="3">B11</td><td rowspan="3">机动车停车率</td><td>★Ⅲ ≥ 1.0，且不低于当地标准</td><td>8</td></tr>
<tr><td>Ⅱ ≥ 0.6，且不低于当地标准</td><td>（6）</td></tr>
<tr><td>Ⅰ ≥ 0.4，且不低于当地标准</td><td>（4）</td></tr>
<tr><td>B12</td><td colspan="2">自行车停车位隐蔽、使用方便</td><td>4</td></tr>
<tr><td rowspan="3">B13</td><td rowspan="3">标示标牌</td><td>Ⅲ 出入口设有小区平面示意图，主要路口设有路标。各组团、栋及单元（门）、户和公共配套设施、场地有明显标志，标牌夜间清晰可见</td><td>4</td></tr>
<tr><td>Ⅱ 主出入口设有小区平面示意图，各组团、栋及单元（门）、户有明显标志，标牌夜间清晰可见</td><td>（3）</td></tr>
<tr><td>Ⅰ 各组团、栋及单元（门）、户有明显标志</td><td>（2）</td></tr>
<tr><td>B14</td><td colspan="2">住区周边设有公共汽车、电车、地铁或轻轨等公共交通场站，且居民最远行走距离 <500m</td><td>4</td></tr>
<tr><td>市政设施（4）</td><td>B15</td><td colspan="2">☆市政基础设施（包括供电系统、燃气系统、给排水系统与通信系统）配套齐全、接口到位</td><td>6</td></tr>
<tr><td rowspan="7">建筑造型（15）</td><td rowspan="5">造型与外立面（10）</td><td>B16</td><td colspan="2">造型形式美观、体现地方气候特点和建筑文化传统，具有鲜明居住特征</td><td>3</td></tr>
<tr><td>B17</td><td colspan="2">建筑造型简洁实用</td><td>3</td></tr>
<tr><td rowspan="3">B18</td><td rowspan="3">外立面</td><td>Ⅲ 立面效果好</td><td>4</td></tr>
<tr><td>Ⅱ 立面效果较好</td><td>（2）</td></tr>
<tr><td>Ⅰ 立面效果尚可</td><td>（1）</td></tr>
<tr><td>色彩效果（2）</td><td>B19</td><td colspan="2">建筑色彩与环境协调</td><td>2</td></tr>
<tr><td>室外灯光（3）</td><td>B20</td><td colspan="2">有较好的室外灯光效果，避免对居住生活造成眩光等干扰；在城市景观道路、景观区范围内的住宅有较好的灯光造型</td><td>3</td></tr>
<tr><td rowspan="3">绿地与活动场地（45）</td><td rowspan="3">绿地配置（18）</td><td>B21</td><td colspan="2">绿地配置合理，位置和面积适当，集中绿地与分散绿地相结合</td><td>4</td></tr>
<tr><td rowspan="2">B22</td><td rowspan="2">绿地率</td><td>Ⅱ ≥ 35%</td><td>6</td></tr>
<tr><td>Ⅰ ≥ 30%</td><td>（4）</td></tr>
</table>

续表

<table>
<tr><th>评定项目</th><th>分项</th><th>子项序号</th><th colspan="2">定性定量指标</th><th>分值</th></tr>
<tr><td rowspan="14">绿地与活动场地（45）</td><td rowspan="4">绿地配置（18）</td><td rowspan="3">B23</td><td rowspan="3">人均公共绿地面积（m^2/人）</td><td>Ⅲ组团≥1.0、小区≥1.5、居住区≥2.0</td><td>6</td></tr>
<tr><td>Ⅱ组团≥0.8、小区≥1.3、居住区≥1.8</td><td>（3）</td></tr>
<tr><td>Ⅰ组团≥0.5、小区≥1.0、居住区≥1.5</td><td>（2）</td></tr>
<tr><td>B24</td><td colspan="2">充分利用建筑散地、停车位、墙面（包括挡土墙）、平台、屋顶和阳台等部位进行绿化，要求有上述6种场地中的4种或4种以上</td><td>2</td></tr>
<tr><td rowspan="7">植物丰实度与绿化栽植（20）</td><td>B25</td><td colspan="2">乔木—草本型、灌木—草本型、乔木—灌木—草本型、藤本型等人工植物群落类型3种及以上，植物配置多层次</td><td>2</td></tr>
<tr><td>B26</td><td colspan="2">乔木量≥3株/100m^2绿地面积</td><td>4</td></tr>
<tr><td>B27</td><td colspan="2">观赏花卉种类丰富，植被覆盖裸土</td><td>2</td></tr>
<tr><td>B28</td><td colspan="2">选择适合当地生长与易于存活的树种，不种植对人体有害、对空气有污染和有毒的植物</td><td>2</td></tr>
<tr><td rowspan="3">B29</td><td rowspan="3">木本植物丰实度</td><td>Ⅲ木本植物种类：华北、东北、西北地区不少于32种；华中、华东地区不少于48种；华南、西南地区不少于54种</td><td>6</td></tr>
<tr><td>Ⅱ木本植物种类：华北、东北、西北地区不宜少于25种；华中、华东地区不少于45种；华南、西南地区不少于50种</td><td>（4）</td></tr>
<tr><td>Ⅰ木本植物种类：华北、东北、西北地区不少于20种；华中、华东地区不少于40种；华南、西南地区不少于45种</td><td>（3）</td></tr>
<tr><td></td><td>B30</td><td colspan="2">植物长势良好，没有病虫害和人为破坏，成活率98%以上</td><td>3</td></tr>
<tr><td rowspan="3">室外活动场地（8）</td><td>B31</td><td colspan="2">绿地中配置占绿地面积10%~15%的硬质铺装</td><td>3</td></tr>
<tr><td>B32</td><td colspan="2">硬质铺装休闲场地有树木等遮阴措施和地面渗透措施</td><td>3</td></tr>
<tr><td></td><td>B33</td><td colspan="2">室外活动场地设置照明设施</td><td>2</td></tr>
<tr><td rowspan="6">室外噪声与空气污染（20）</td><td rowspan="6">室外噪声（8）</td><td rowspan="3">B34</td><td rowspan="3">等效噪声级</td><td>Ⅲ白天≤50dB（A）；黑夜≤40 dB（A）</td><td>4</td></tr>
<tr><td>Ⅱ白天≤55dB（A）；黑夜≤45dB（A）</td><td>（3）</td></tr>
<tr><td>Ⅰ白天≤60dB（A）；黑夜≤50 dB（A）</td><td>（2）</td></tr>
<tr><td rowspan="3">B35</td><td rowspan="3">黑夜偶然噪声级</td><td>Ⅲ≤55 dB（A）</td><td>4</td></tr>
<tr><td>Ⅱ≤60 dB（A）</td><td>（3）</td></tr>
<tr><td>Ⅰ≤65 dB（A）</td><td>（2）</td></tr>
</table>

续表

评定项目	分项	子项序号	定性定量指标	分值
室外噪声与空气污染（20）	空气污染（12）	B36	无排放性污染源或虽有局部污染源但经过除尘脱硫处理	3
		B37	采用洁净燃料，无开放性局部污染源	3
		B38	无辐射性局部污染源	2
		B39	无溢出性局部污染源，住区内的公共饮食餐厅等加工过程设有污染防治措施	2
		B40	空气污染物控制指标日平均浓度不超过标准值（mg/m^3）：飘尘为 0.30、SO_2 为 0.15、NO_x 为 0.10、CO 为 4.0	2
水体与排水系统（10）	水体（6）	B41	天然水体与人造景观水体（水池）水质符合国家《景观娱乐用水水质标准》GB12941 中 C 类水质要求	3
		B42	游泳馆（或游泳池、儿童戏水池）设有水循环和消毒设施，符合《游泳池给水排水设计规范》CECS14 和《游泳场所卫生标准》GB9667 要求	3
	排水系统（4）	B43	设有完善的雨污分流排水系统，并分别排入城市雨污水系统（雨水可就近排入河道或其他水体）	4
公共服务设施（60）	配套公共服务设施（42）	B44	教育设施的配置符合《城市居住区规划设计规范》GB 50180 或当地规划部门对教育设施设置的规定	3
		B45	设置防疫、保健、医疗、护理等医疗设施	3
		B46	设置多功能文体活动室	3
		B47	儿童活动场地兼顾趣味、益智、强身、健体、安全合理等原则统筹布置	3
		B48	设置老人活动与服务支援设施	3
		B49	结合绿地与环境设置露天体育健身活动场地	3
		B50	设置游泳馆或游泳池	5
		B51	设置儿童戏水池	2
		B52	设置体育场馆或健身房	5
		B53	设置商店、超市等购物设施	3
		B54	设置金融邮电设施	3
		B55	设置市政公用设施	3
		B56	设置社区服务设施	3

续表

评定项目	分项	子项序号	定性定量指标		分值
公共服务设施（60）	环境卫生（20）	B57	设置公共厕所（公共设施中附有对外开放的厕所时可计入此项），并达到《城市公共厕所规划和设计标准》CJJ14 一类标准		3
		B58	主要道路及公共活动场地均匀配置废物箱，其间距小于 80m，且废物箱防雨、密闭、整洁，采用耐腐蚀材料制作		3
		B59	垃圾收运	Ⅱ 高层按层、多层按幢设置垃圾容器（或垃圾桶），生活垃圾采用袋装化收集，保持垃圾容器（或垃圾桶）清洁、无异味，每日清运	4
				Ⅰ 按幢设置垃圾容器（或垃圾桶），生活垃圾采用袋装化收集，保持垃圾容器（或垃圾桶）清洁、无异味，每日清运	（2）
		B60	垃圾存放与处理	Ⅱ 垃圾分类收集与存放，设垃圾处理房，垃圾处理房隐蔽、全密闭、保证垃圾不外漏，有风道或排风、冲洗和排水设施，采用微生物处理，处理过程无污染，排放物无二次污染，残留物无害	8
				Ⅰ 设垃圾站，垃圾站隐蔽、有冲洗和排水设施，存放垃圾及时清运、不污染环境、不散发臭味	（4）
智能化系统（30）	管理中心与工程质量（8）	B61	管理中心位置恰当，面积与布局合理，机房建设符合国家同等规模通信机房或计算机房的技术要求		2
		B62	管线工程质量合格		2
		B63	设备与终端产品安装质量合格，位置恰当，便于使用与维护		2
		B64	电源与防雷接地工程质量合格		2
	系统配置（18）	B65	安全防范子系统	Ⅲ 子系统设置齐全，包括闭路电视监控、周界防越报警、电子巡更、可视对讲与住宅报警装置。子系统功能强，可靠性高，使用维护方便	6
				Ⅱ 子系统设置较齐全，可靠性高，使用维护方便	（4）
				Ⅰ 设置可视与语音对讲装置、紧急呼叫按钮，可靠性高，使用维护方便	（3）
		B66	管理与监控子系统	Ⅲ 子系统设置齐全，包括户外计量装置或 IC 卡表具、车辆出入管理、紧急广播与背景音乐、给水排水、变配电设备与电梯集中监视、物业管理计算机系统。子系统功能强，可靠性高，使用维护方便	6
				Ⅱ 子系统设置较齐全，可靠性高，使用维护方便	（4）
				Ⅰ 物业管理计算机系统，可靠性高，使用维护方便	（3）

续表

<table>
<tr><th>评定项目</th><th>分项</th><th>子项序号</th><th colspan="2">定性定量指标</th><th>分值</th></tr>
<tr><td rowspan="4">智能化系统（30）</td><td rowspan="3">系统配置（18）</td><td rowspan="3">B67</td><td rowspan="3">信息网络子系统</td><td>Ⅲ 建立居住小区电话、电视、宽带接入网（或局域网）和网站，采用家庭智能控制器与通信网络配线箱。客厅、卧室、与书房均安装电话、电视与宽带网插座，卫生间安装电话插座，位置合理。每套住宅不少于 2 路电话</td><td>6</td></tr>
<tr><td>Ⅱ 建立居住小区电话、电视、宽带接入网，采用通信网络配线箱。客厅、卧室、与书房均安装电话、电视与宽带网插座，位置恰当。每套住宅不少于 2 路电话</td><td>（4）</td></tr>
<tr><td>Ⅰ 建立居住小区电话、电视、宽带接入网。每套住宅内安装电话、电视与宽带网插座，位置恰当</td><td>（3）</td></tr>
<tr><td>运行管理（4）</td><td>B68</td><td colspan="2">提出运行管理的实施方案，有完善的管理制度，合理配置运行管理所需的办公与维护用房、维护设备与器材等</td><td>4</td></tr>
</table>

3.3　经济性能的评定

住宅经济性能评定指标如表 3-3 所示。

住宅经济性能评定指标（200分）　　**表3-3**

<table>
<tr><th>评定项目</th><th>分项</th><th>子项序号</th><th colspan="3">定性定量指标</th><th>分值</th></tr>
<tr><td rowspan="8">节能（100）</td><td rowspan="8">建筑设计（35）</td><td>C01</td><td colspan="3">建筑朝向为南北朝向</td><td>5</td></tr>
<tr><td>C02</td><td colspan="3">建筑物体形系数符合当地现行建筑节能设计标准中体形系数的规定值</td><td>6</td></tr>
<tr><td rowspan="2">C03</td><td rowspan="2">严寒、寒冷地区楼梯间和外廊采暖设计</td><td colspan="2">采暖期室外平均温度为 0℃～－6.0℃的地区，楼梯间和外廊不采暖时，楼梯间和外廊的隔墙和户门采取保温措施</td><td rowspan="2">4</td></tr>
<tr><td colspan="2">采暖期室外平均温度在－6.0℃以下的地区，楼梯间和外廊采暖，单元入口处设置门斗或其他避风措施</td></tr>
<tr><td>C04</td><td colspan="3">窗墙面积比符合当地现行建筑节能设计标准中窗墙面积比的规定值</td><td>6</td></tr>
<tr><td rowspan="3">C05</td><td rowspan="3">外窗遮阳</td><td colspan="2">夏热冬冷地区的南向和西向外窗设置活动遮阳设施</td><td rowspan="2">8</td></tr>
<tr><td rowspan="2">夏热冬暖、温和地区</td><td>Ⅱ 南向和西向的外窗有遮阳措施，遮阳系数 $S_W \leqslant 0.90Q$</td></tr>
<tr><td>Ⅰ 南向和西向的外窗有遮阳措施，遮阳系数 $S_W \leqslant Q$</td><td>（6）</td></tr>
</table>

续表

评定项目	分项	子项序号	定性定量指标			分值
节能（100）	建筑设计（35）	C06	再生能源利用	太阳能利用	Ⅱ 与建筑一体化	6
					Ⅰ 用量大，集热器安放有序，但未做到与建筑一体化	（4）
				利用地热能、风能等新型能源		（6）
	围护结构（35）（注 1）	C07	外窗和阳台门（不封闭阳台或不采暖阳台）的气密性		Ⅱ 5 级	5
					Ⅰ 4 级	（3）
		C08	严寒、寒冷地区和夏热冬冷地区外墙的平均传热系数		Ⅲ $K \leqslant 0.70Q$ 或符合 65% 节能标准	10
					Ⅱ $K \leqslant 0.85Q$	（8）
					☆Ⅰ $K \leqslant Q$	（7）
		C09	严寒、寒冷地区和夏热冬冷地区外窗的传热系数		Ⅲ $K \leqslant 0.90Q$	10
					Ⅱ $K \leqslant 0.95Q$	（8）
					☆Ⅰ $K \leqslant Q$	（7）
		C10	严寒寒冷地区、夏热冬冷地区和夏热冬暖地区屋顶的平均传热系数		Ⅲ $K \leqslant 0.85Q$ 或符合 65% 节能标准	10
					Ⅱ $K \leqslant 0.90Q$	（8）
					☆Ⅰ $K \leqslant Q$	（7）
	综合节能要求（70）（注 2）	C11	北方耗热量指标		Ⅲ $q_H \leqslant 0.80Q$ 或符合 65% 节能标准	70
					Ⅱ $q_H \leqslant 0.95Q$	（57）
					☆Ⅰ $q_H \leqslant Q$	（49）
			中、南部耗热量指标		Ⅲ $E_h+E_C \leqslant 0.80Q$	70
					Ⅱ $E_h+E_C \leqslant 0.90Q$	（57）
					☆Ⅰ $E_h+E_C \leqslant Q$	（49）
	采暖空调系统（20）	C12	采用用能分摊技术与装置			5
		C13	集中采暖空调水系统采取有效的水力平衡措施			2
		C14	预留安装空调的位置合理，使空调房间在选定的送、回风方式下，形成合适的气流组织		Ⅲ 气流分布满足室内舒适的需要	4
					Ⅱ 生活或工作区 3/4 以上有气流通过	（3）
					Ⅰ 生活或工作区 3/4 以下 1/2 以上有气流通过	（2）

续表

<table>
<tr><th>评定项目</th><th>分项</th><th>子项序号</th><th colspan="2">定性定量指标</th><th>分值</th></tr>
<tr><td rowspan="11">节能（100）</td><td rowspan="7">采暖空调系统（20）</td><td rowspan="3">C15</td><td rowspan="3">空调器种类</td><td>Ⅲ 达到国家空调器能效等级标准中的 2 级</td><td>4</td></tr>
<tr><td>Ⅱ 达到国家空调器能效等级标准中的 3 级</td><td>（3）</td></tr>
<tr><td>Ⅰ 达到国家空调器能效等级标准中的 4 级</td><td>（2）</td></tr>
<tr><td>C16</td><td>室温控制情况</td><td>房间室温可调节</td><td>3</td></tr>
<tr><td rowspan="2">C17</td><td rowspan="2">室外机的位置</td><td>Ⅱ 满足通风要求，且不易受到阳光直射</td><td>2</td></tr>
<tr><td>Ⅰ 满足通风要求</td><td>（1）</td></tr>
<tr><td rowspan="4">照明系统（10）</td><td>C18</td><td colspan="2">照明方式合理</td><td>3</td></tr>
<tr><td>C19</td><td colspan="2">采用高效节能的照明产品（光源、灯具及附件）</td><td>2</td></tr>
<tr><td>C20</td><td colspan="2">设置节能控制型开关</td><td>3</td></tr>
<tr><td>C21</td><td colspan="2">照明功率密度（LPD）满足标准要求</td><td>2</td></tr>
<tr><td rowspan="11">节水（40）</td><td>中水利用（10）</td><td>C22</td><td colspan="2">建筑面积 5 万 m^2 以上的居住小区，配置了中水设施，或回水利用设施，或与城市中水系统连接，或符合当地规定要求；建筑面积 5 万 m^2 以下或中水来源水量或中水回用水量过小（小于 $50m^3/d$）的居住小区，设计安装中水管道系统等中水设施</td><td>12</td></tr>
<tr><td rowspan="2">雨水利用（6）</td><td>C23</td><td colspan="2">采用雨水回渗措施</td><td>3</td></tr>
<tr><td>C24</td><td colspan="2">采用雨水回收措施</td><td>3</td></tr>
<tr><td rowspan="4">节水器具及管材（12）</td><td>C25</td><td colspan="2">使用≤ 6 升便器系统</td><td>3</td></tr>
<tr><td>C26</td><td colspan="2">便器水箱配备两档选择</td><td>3</td></tr>
<tr><td>C27</td><td colspan="2">使用节水型水龙头</td><td>3</td></tr>
<tr><td>C28</td><td colspan="2">给水管道及部件采用不易漏损的管材</td><td>3</td></tr>
<tr><td rowspan="2">公共场所节水措施（6）</td><td>C29</td><td colspan="2">公用设施中的洗面器、洗手盆、淋浴器和小便器等采用延时自闭、感应自闭式水嘴或阀门等节水型器具</td><td>3</td></tr>
<tr><td>C30</td><td colspan="2">绿地、树木、花卉使用滴灌、微喷等节水灌溉方式，不采用大水漫灌方式</td><td>3</td></tr>
<tr><td>景观用水（4）</td><td>C31</td><td colspan="2">不用自来水为景观用水的补水</td><td>4</td></tr>
<tr><td rowspan="3">节地（40）</td><td rowspan="3">地下停车比例（8）</td><td rowspan="3">C32</td><td rowspan="3">地下或半地下停车位占总停车位的比例</td><td>Ⅲ ≥ 80%</td><td>8</td></tr>
<tr><td>Ⅱ ≥ 70%</td><td>（7）</td></tr>
<tr><td>Ⅰ ≥ 60%</td><td>（6）</td></tr>
</table>

续表

<table>
<tr><th>评定项目</th><th>分项</th><th>子项序号</th><th colspan="2">定性定量指标</th><th>分值</th></tr>
<tr><td rowspan="8">节地（40）</td><td>容积率（5）</td><td>C33</td><td colspan="2">合理利用土地资源，容积率符合规划条件</td><td>5</td></tr>
<tr><td rowspan="2">建筑设计（7）</td><td>C34</td><td colspan="2">住宅单元标准层使用面积系数，高层≥ 72%，多层≥ 78%</td><td>5</td></tr>
<tr><td>C35</td><td colspan="2">户均面宽值不大于户均面积值的 1/10</td><td>2</td></tr>
<tr><td>新型墙体材料（8）</td><td>C36</td><td colspan="2">采用取代粘土砖的新型墙体材料</td><td>8</td></tr>
<tr><td>节地措施（5）</td><td>C37</td><td colspan="2">采用新设备、新工艺、新材料而明显减少占地面积的公共设施</td><td>5</td></tr>
<tr><td>地下公建（5）</td><td>C38</td><td colspan="2">部分公建（服务、健身娱乐、环卫等）利用地下空间</td><td>5</td></tr>
<tr><td>土地利用（2）</td><td>C39</td><td colspan="2">利用荒地、坡地及不适宜耕种的土地</td><td>2</td></tr>
<tr><td colspan="5"></td></tr>
<tr><td rowspan="8">节材（20）</td><td>可再生材料（3）</td><td>C40</td><td colspan="2">利用可再生材料</td><td>3</td></tr>
<tr><td rowspan="3">建筑设计施工新技术（10）</td><td rowspan="3">C41</td><td rowspan="3">高强高性能混凝土、高效钢筋、预应力钢筋混凝土技术、粗直径钢筋连接、新型模版与脚手架应用、地基基础技术、钢结构技术和企业的计算机应用与管理技术</td><td>Ⅲ 采用其中 5 ～ 6 项技术</td><td>10</td></tr>
<tr><td>Ⅱ 采用其中 3 ～ 4 项技术</td><td>（8）</td></tr>
<tr><td>Ⅰ 采用其中 1 ～ 2 项技术</td><td>（6）</td></tr>
<tr><td>节材新措施（2）</td><td>C42</td><td colspan="2">采用节约材料的新工艺、新技术</td><td>2</td></tr>
<tr><td rowspan="3">建材回收率（3）</td><td rowspan="3">C43</td><td rowspan="3">使用一定比例的再生玻璃、再生混凝土转、再生木材等回收建材</td><td>Ⅲ 使用三层回收材料</td><td>5</td></tr>
<tr><td>Ⅱ 使用二层回收材料</td><td>（4）</td></tr>
<tr><td>Ⅰ 使用一层回收材料</td><td>（3）</td></tr>
</table>

注：1. 夏热冬暖地区住宅外墙的平均传热系数和外窗的传热系数必须符合建筑节能设计标准中的规定，分值按Ⅰ档 7 分取值。

2. 当建筑设计和围护结构的要求都满足时，不必进行综合节能要求的检查和评判。反之，就必须进行综合节能要求的检查和评判，两者分值相同，仅取其中之一。

3.4　安全性能的评定

住宅安全性能评定指标如表 3-4 所示。

住宅安全性能评定指标（200分）　　　　**表3-4**

<table>
<tr><th>评定项目</th><th>分项</th><th>子项序号</th><th colspan="2">定性定量指标</th><th>分值</th></tr>
<tr><td rowspan="8">结构安全（70）</td><td>工程质量（15）</td><td>D01</td><td colspan="2">☆结构工程（含地基基础）设计施工程序符合国家相关规定，施工质量验收合格且符合备案要求</td><td>15</td></tr>
<tr><td>地基基础（10）</td><td>D02</td><td colspan="2">岩土工程勘察文件符合要求，地基基础满足承载力和稳定性要求，地基变形不影响上部结构安全和正常使用，并满足规范要求</td><td>10</td></tr>
<tr><td rowspan="2">荷载等级（20）</td><td rowspan="2">D03</td><td colspan="2">Ⅱ 楼面和屋面活荷载标准值高出规范限值且高出幅度≥ 25%；并满足下列两项之一：
（1）采用重现期为 70 年或更长的基本风压，或对住宅建筑群在风洞试验的基础上进行设计；
（2）采用重现期为 70 年或更长的最大雪压，或考虑本地区冬季积雪情况的不稳定性，适当提高雪荷载值按本地区基本雪压增大 20% 采用</td><td>20</td></tr>
<tr><td colspan="2">Ⅰ 楼面和屋面活荷载标准值符合规范要求；基本风压、雪压按重现期 50 年采用，并符合建筑结构荷载规范要求</td><td>（16）</td></tr>
<tr><td rowspan="2">抗震设防（15）</td><td rowspan="2">D04</td><td colspan="2">Ⅱ 抗震构造措施高于抗震规范相应要求，或采取抗震性能更好的结构体系、类型及技术</td><td>15</td></tr>
<tr><td colspan="2">☆Ⅰ 抗震设计符合规范要求</td><td>（12）</td></tr>
<tr><td>外观质量（10）</td><td>D05</td><td colspan="2">构件外观无质量缺陷及影响结构安全的裂缝，尺寸偏差符合规范要求</td><td>10</td></tr>
<tr style="display:none"></tr>
<tr><td rowspan="9">建筑防火（50）</td><td rowspan="2">耐火等级（15）</td><td rowspan="2">D06</td><td colspan="2">Ⅱ 高层住宅不低于一级，多层住宅不低于二级，低层住宅不低于三级</td><td>15</td></tr>
<tr><td colspan="2">Ⅰ 高层住宅不低于二级，多层住宅不低于三级，低层住宅不低于四级</td><td>（12）</td></tr>
<tr><td rowspan="7">灭火与报警系统（15）</td><td>D07</td><td colspan="2">☆室外消防给水系统、防火间距、消防交通道路及扑救面质量符合国家现行规范的规定</td><td>5</td></tr>
<tr><td rowspan="2">D08</td><td rowspan="2">消防卷盘水柱股数</td><td>Ⅱ 设置 2 根消防竖管，保证 2 支水枪能同时到达室内地面任何部位</td><td>4</td></tr>
<tr><td>Ⅰ 设置一根消防竖管，或设置消防卷盘，其间距保证有 1 支水枪能到达室内楼地面任何部位</td><td>（3）</td></tr>
<tr><td rowspan="2">D09</td><td rowspan="2">消火栓箱标识</td><td>Ⅱ 消火栓箱有发光标识，且不被遮挡</td><td>2</td></tr>
<tr><td>Ⅰ 消火栓箱有明显标识，且不被遮挡</td><td>（1）</td></tr>
<tr><td rowspan="2">D10</td><td rowspan="2">自动报警系统与自动喷水灭火装置</td><td>Ⅱ 超出消防规范的要求，高层住宅设有火灾自动报警系统与自动喷水灭火装置；多层住宅设火灾自动报警系统及消防控制室或值班室</td><td>4</td></tr>
<tr><td>Ⅰ 高层住宅按规范要求设有火灾自动报警装置及自动喷水灭火系统</td><td>（3）</td></tr>
</table>

续表

评定项目	分项	子项序号	定性定量指标		分值
建筑防火（50）	防火门（窗）（5）	D11		防火门（窗）的设置符合规范要求	4
		D12		防火门具有自闭式或顺序关闭功能	1
	疏散设施（15）（注）	D13		安全出口的数量及安全疏散距离，疏散走道和门的净宽符合国家现行相关规范的规定	2
		D14		疏散楼梯的形式和数量符合国家现行相关规范的规定，高层住宅按规范规定设置有消防电梯，并在消防电梯间及其前室设置应急照明	5
		D15	疏散楼梯设施	Ⅱ 公共楼梯梯段净宽：高层住宅设防烟楼梯间≥ 1.3m；低层与多层≥ 1.2m	3
				Ⅰ 公共楼梯梯段净宽：高层住宅设封闭楼梯间≥ 1.2m，不设封闭楼梯间≥ 1.3m；低层与多层≥ 1.1m	（2）
		D16	疏散楼梯及走道标识	Ⅱ 设置火灾应急照明，且有灯光疏散标识	2
				Ⅰ 设置火灾应急照明，且有蓄光疏散标识	（1）
		D17	自救设施	Ⅱ 高层住宅每层配有 3 套以上缓降器或软梯；多层住宅配有缓降器或软梯	3
				Ⅰ 高层住宅每层配有 2 套缓降器或软梯	（2）
燃气及电气设备安全（35）	燃气设备（12）	D18		燃气器具为国家认证的产品，并具有质量检验合格证书	2
		D19		燃气管道的安装位置及燃气设备安装场所符合国家现行相关标准要求，并设有排风装置	2
		D20		燃气灶具有熄火保护自动关闭阀门装置	2
		D21		安装燃气设备的房间设置燃气浓度报警器	2
		D22		燃气设备安装质量验收合格	2
		D23		安装燃气装置的厨房、卫生间采取结构措施，防止燃气爆炸引发的倒塌事故	2
	电气设备（23）	D24		电气设备及主要材料为通过国家认证的产品，并具有质量检验合格证书	2
		D25		配电系统有完好的保护措施，包括短路、过负荷、接地故障、防漏电、防雷电波入侵、防误操作措施等	2
		D26		配电设备选型与使用环境条件相符合	2
		D27		防雷措施正确，防雷装置完善	2
		D28		配电系统的接地方式正确，用电设备接地保护正确完好，接地装置完整可靠，等电位和局部等电位连接良好	2

续表

<table>
<tr><th>评定项目</th><th>分项</th><th>子项序号</th><th colspan="2">定性定量指标</th><th>分值</th></tr>
<tr><td rowspan="5">燃气及电气设备安全（35）</td><td rowspan="5">电气设备（23）</td><td>D29</td><td colspan="2">导线材料采用铜质，支线导线截面不宜小于 2.5mm^2，空调、厨房分支回路不小于 4 mm^2</td><td>3</td></tr>
<tr><td rowspan="2">D30</td><td rowspan="2">导线穿管</td><td>Ⅱ 配电导线保护管全部采用钢管，满足防火要求</td><td>3</td></tr>
<tr><td>Ⅰ 配电导线保护管采用聚乙烯塑料管（材质符合国家现行标准规定，但吊顶内严禁使用），满足防火要求</td><td>（2）</td></tr>
<tr><td>D31</td><td colspan="2">电气施工质量按有关规范验收合格</td><td>3</td></tr>
<tr><td>D32</td><td colspan="2">电梯安装调试良好，经过安全部门检验合格</td><td>4</td></tr>
<tr><td rowspan="8">日常安全防范措施（20）</td><td rowspan="3">防盗措施（6）</td><td rowspan="2">D33</td><td rowspan="2">防盗户门</td><td>Ⅱ 具有防火、防撬、保温、隔声功能，并具有良好的装饰性</td><td>4</td></tr>
<tr><td>Ⅰ 具有防火、防撬、保温功能</td><td>（3）</td></tr>
<tr><td>D34</td><td colspan="2">在有被盗隐患部位的防盗网、电子防盗等设施，对直通地下车库的电梯采取安全防范措施</td><td>2</td></tr>
<tr><td>防滑防跌措施（2）</td><td>D35</td><td colspan="2">厨房、卫生间以及起居室、卧室、书房等地面和通道采取防滑防跌措施</td><td>2</td></tr>
<tr><td rowspan="4">防坠落措施（12）</td><td>D36</td><td colspan="2">中高层、高层住宅阳台栏杆（栏板）和上人屋面女儿墙（栏杆），其从可踏面起算的净高度≥ 1.10m（底层与多层住宅≥ 1.05m），栏杆垂直杆件间净距≤ 0.11m，非垂直杆件栏杆有防儿童攀爬措施</td><td>3</td></tr>
<tr><td>D37</td><td colspan="2">窗外无阳台或露台的外窗，当从可踏面起算的窗台净高或防护栏杆的高度＜ 0.9m 时有防护措施，放置花盆处采取防坠落措施</td><td>3</td></tr>
<tr><td>D38</td><td colspan="2">楼梯栏杆垂直杆件的净距≤ 0.11m；从踏步中心算起的扶手高度≥ 0.9m，当楼梯水平段长度＞ 0.5m 时，其扶手高度≥ 1.05m；非垂直杆件栏杆设防攀爬措施</td><td>3</td></tr>
<tr><td>D39</td><td colspan="2">室内外抹灰工程、室内外装修装饰物牢靠，门窗安全玻璃的使用符合相关规范的要求</td><td>3</td></tr>
<tr><td rowspan="3">室内污染物控制（25）</td><td>墙体材料（5）</td><td>D40</td><td colspan="2">☆墙体材料的放射性污染、混凝土外加剂中释放氨的含量不超过国家现行相关标准的规定</td><td>4</td></tr>
<tr><td>室内装修材料（6）</td><td>D41</td><td colspan="2">☆人造板及其制品有害物质含量、溶剂型木器涂料有害物质含量、内墙涂料有害物质含量、胶粘剂有害物质含量、壁纸有害物质含量、室内用花岗石及其他天然或人造石材的有害物质含量不超过国家现行相关标准的规定</td><td>6</td></tr>
<tr><td>室内环境污染物含量（15）</td><td>D42</td><td colspan="2">☆室内氡浓度、室内游离甲醛浓度、室内苯浓度、室内氨浓度和室内总挥发性有机化合物（TVOC）浓度不超过国家现行相关标准的规定</td><td>15</td></tr>
</table>

注：在灭火与报警系统、疏散设施分项中，对 6 层及 6 层以下的住宅，分别无子项 D08~D10、D16 要求，可直接得分。

3.5　耐久性能的评定

住宅耐久性能评定指标如表 3-5 所示。

住宅耐久性能评定指标（100分）　　**表3-5**

评定项目	分项	子项序号	定性定量指标	分值
结构工程（20）	勘察报告（5）	E01	Ⅱ 该住宅的勘查点数量符合相关规范的要求	3
			Ⅰ 该栋住宅的勘察点数量与相邻建筑可借鉴勘察点总数符合相关规范要求	（2）
		E02	确定了地基土与土中水的侵蚀种类与等级，提出相应的处理建议	2
	结构设计（10）	E03	Ⅱ 结构的耐久性措施比设计使用年限 50 年的要求高	5
			☆Ⅰ 结构的耐久性措施符合设计使用年限为 50 年	（3）
		E04	Ⅱ 结构设计（含基础）措施（包括材料选择、材料性能等级、构造做法、防护措施）普遍高于有关规范要求	5
			Ⅰ 结构设计（含基础）措施符合有关规范的要求	（3）
	结构工程质量（3）	E05	Ⅱ 全部主控项目均进行过实体抽样检测，检测结论为符合设计要求	3
			Ⅰ 部分主控项目进行过实体抽样检测，检测结论为符合设计要求	（2）
	外观质量（2）	E06	Ⅱ 现场检查围护构件无裂缝及其他可见质量缺陷	2
			Ⅰ 现场检查围护构件个别点存在可见质量缺陷	（1）
装修工程（15）	装修设计（5）	E07	Ⅲ 外墙装修（含外墙外保温）的设计使用年限不低于 20 年，且提出全部装修材料的耐用指标	5
			Ⅱ 外墙装修（含外墙外保温）的设计使用年限不低于 15 年，且提出部分装修材料的耐用指标	（3）
			Ⅰ 外墙装修（含外墙外保温）的设计使用年限不低于 10 年，且提出部分材料的耐用指标	（1）
	装修材料（4）	E08	Ⅱ 设计提出的全部耐用指标均进行了检验，检验结论为符合要求	4
			Ⅰ 设计提出的部分耐用指标进行了检验，检验结论为符合要求	（2）
	装修工程质量（3）	E09	按有关规范的规定进行了装修工程施工质量验收，验收结论为合格	3
	外观质量（3）	E10	现场检查，装修无起皮、空鼓、裂缝、变色、过大变形和脱落等现象	3

续表

评定项目	分项	子项序号	定性定量指标	分值
防水工程与防潮措施（20）	防水设计（4）	E11	Ⅱ 设计使用年限，屋面与卫生间不低于 25 年，地下室不低于 50 年	3
			☆Ⅰ 设计使用年限，屋面与卫生间不低于 15 年，地下室不低于 50 年	（2）
		E12	设计提出防水材料的耐用指标	1
	防水材料（4）	E13	全部防水材料均为合格产品	2
		E14	Ⅱ 设计要求的全部耐用指标进行了检验，检验结论符合相应要求	2
			Ⅰ 设计要求的主要耐用指标进行了检验，检验结论符合相应要求	（1）
	防潮与防渗漏措施（5）	E15	外墙采取了防渗漏措施	2
		E16	首层墙体与首层地面采取了防潮措施	3
	防水工程质量（4）	E17	按有关规范的规定进行了防水工程施工质量验收，验收结论为合格	2
		E18	全部防水工程（不含地下防水）经过蓄水或淋水检验，无渗漏现象	2
	外观质量（3）	E19	现场检查，防水工程排水口部位排水顺畅，无渗漏痕迹，首层墙面与地面不潮湿	3
管线工程（15）	管线工程设计（7）	E20	Ⅲ 管线工程的最低设计使用年限不低于 20 年	3
			Ⅱ 管线工程的最低设计使用年限不低于 15 年	（2）
			Ⅰ 管线工程的最低设计使用年限不低于 10 年	（1）
		E21	Ⅱ 设计提出全部管线材料的耐用指标	3
			Ⅰ 设计提出部分管线材料的耐用指标	（2）
		E22	上水管内壁为铜质等无污染、使用年限长的材料	1
	管线材料（4）	E23	管线材料均为合格产品	2
		E24	Ⅱ 设计要求的耐用指标均进行了检验，检验结论为符合要求	2
			Ⅰ 设计要求的部分耐用指标进行了检验，检验结论为符合要求	（1）
	管线工程质量（2）	E25	按有关规范的规定进行了管线工程施工质量验收，验收结论为合格	2
	外观质量（2）	E26	现场检查，全部管线材料防护层无气泡、起皮等，管线无损伤；上水放水检查无锈色	2

续表

<table>
<tr><th>评定项目</th><th>分项</th><th>子项序号</th><th>定性定量指标</th><th>分值</th></tr>
<tr><td rowspan="8">设备（15）</td><td rowspan="3">设计或选型（4）</td><td rowspan="3">E27</td><td>Ⅲ 设计使用年限不低于 20 年且提出设备与使用年限相符的耐用指标要求</td><td>4</td></tr>
<tr><td>Ⅱ 设计使用年限不低于 15 年且提出设备与使用年限相符的耐用指标要求</td><td>（3）</td></tr>
<tr><td>Ⅰ 设计使用年限不低于 10 年且提出设备的耐用指标要求</td><td>（2）</td></tr>
<tr><td rowspan="3">设备质量（5）</td><td>E28</td><td>全部设备均为合格产品</td><td>2</td></tr>
<tr><td rowspan="2">E29</td><td>Ⅱ 设计或选型提出的全部耐用指标均进行了检验（型式检验结果有效），结论为符合要求</td><td>3</td></tr>
<tr><td>Ⅰ 设计或选型提出的主要耐用指标进行了检验（型式检验结果有效），结论为符合要求</td><td>（2）</td></tr>
<tr><td>设备安装质量（3）</td><td>E30</td><td>设备安装质量按有关规定进行验收，验收结论为合格</td><td>3</td></tr>
<tr><td>运转情况（3）</td><td>E31</td><td>现场检查，设备运行正常</td><td>3</td></tr>
<tr><td rowspan="11">门窗（15）</td><td rowspan="5">设计或选型（5）</td><td rowspan="3">E32</td><td>Ⅲ 设计使用年限不低于 30 年</td><td>3</td></tr>
<tr><td>Ⅱ 设计使用年限不低于 25 年</td><td>（2）</td></tr>
<tr><td>Ⅰ 设计使用年限不低于 20 年</td><td>（1）</td></tr>
<tr><td rowspan="2">E33</td><td>Ⅱ 提出与设计使用年限相一致的全部耐用指标</td><td>2</td></tr>
<tr><td>Ⅰ 提出部分门窗的耐用指标</td><td>（1）</td></tr>
<tr><td rowspan="3">门窗质量（4）</td><td>E34</td><td>门窗均为合格产品</td><td>2</td></tr>
<tr><td rowspan="2">E35</td><td>Ⅱ 设计或选型提出的全部耐用指标均进行了检验（型式检验结果有效），结论为符合要求</td><td>2</td></tr>
<tr><td>Ⅰ 设计或选型提出的部分耐用指标进行了检验（型式检验结果有效），结论为符合要求</td><td>（1）</td></tr>
<tr><td>门窗安装质量（3）</td><td>E36</td><td>按有关规范进行了门窗安装质量验收，验收结论为合格</td><td>3</td></tr>
<tr><td>外观质量（3）</td><td>E37</td><td>现场检查，门窗无翘曲、面层无损伤、颜色一致、关闭严密、金属件无锈蚀、开启顺畅</td><td>3</td></tr>
</table>

3.6　住宅性能认定评定方法

住宅性能认定评定指标如表 3-1~ 表 3-5 所示，评分值设定为：适用性能和环境性能满分为 250 分，经济性能和安全性能满分为 200 分，耐久性能满分为 100 分，总计满分 1000 分。评审工作包括设计审查、中期检查、终审 3 各环节。住宅性能终审一般由 2 组专家同时进行，其中一组负责评审适用性能和环境性能，另一组负责评审经济性能、安全性能和耐久性能，每组专家人数 3~4 人。专家组通过听取汇报、查阅设计文件和检测报告、现场检查等程序，对照本标准分别打分。

1. 评分原则

（1）按照 3.1~3.5 节的评分表分设计审查、中期检查、终审 3 个环节进行评分。

（2）对于定量指标，依据量化指标进行评分。

（3）对于定性指标，依据评分原则和专家经验进行评分。

（4）由评审专家对各子项指标（参见表 3.1~ 表 3.5 指标体系构成，即子项——分项——评定项目）的进行打分，然后根据各子项评分累计各分项评分，按照各分项评分计算各专家评分的算术平均值。

（5）按各分项平均分进行累计得到评定项目得分，进而得到单项总分（适用性能和环境性能满分 250 分，经济性能和安全性能满分为 200 分，耐久性能满分为 100 分）。

（6）按单项得分进行累计，得到总分（满分 1000 分）。

2. 评定方法

参评项目原则上以单栋住宅为对象，也可以单套住宅或住区为对象进行评定。评定单栋和单套住宅，凡涉及所处公共环境的指标，以对该公共环境的评价结果为准。住宅综合性能等级按以下方法判别：

A 级住宅：含有“☆”的子项全部得分，且适用性能和环境性能得分≥ 150 分，经济性能和安全性能得分≥ 120 分，耐久性能得分≥ 60 分，评为 A 级住宅。其中总分≥ 600 分但低于 700 分为

1A 级；总分≥720 分但低于 850 分为 2A 级；总分 850 分以上，且满足所有含有“★”的子项为 3A 级。

B 级住宅：含有“☆”的子项中有一项或多项未能得分，或虽然含有“☆”的子项全部得分，但某方面性能未达到 A 级住宅得分要求的，评为 B 级住宅。

第四章 绿色养老住区评估流程

本“绿色养老住区联合评估认定体系”，包含了3个相对独立的评估体系，即：养老住区技术评估、绿色低碳住区技术评估和住宅性能认定。只有经过联合评估并全部通过这3个评估认定的项目，才能认定其为中国绿色养老住区示范项目，否则，只通过其中一个子项评估，可评定为该项的示范项目（或A级住宅）。3个评估认定工作将同步进行，下面各节将对绿色养老住区的评估流程予以描述。

4.1 养老住区技术评估流程

根据第一章养老住区技术评估体系，养老住区技术评估实行前、后两阶段评估，即规划设计阶段（前阶段）评估和运行管理阶段（后阶段）评估。项目的前、后阶段可以独立进行评估并获得分数。但进行后阶段评估时需考查其是否已通过前阶段的评估，因此需提交前阶段的评估结果或补充提交有关基础资料。各阶段的评估流程相同，如图4-1所示。

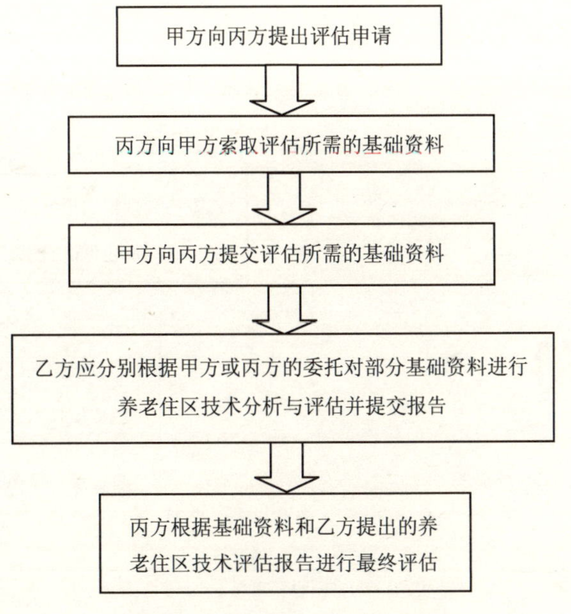

图4-1 养老住区技术评估流程

其中：

甲方为申请进行养老住区技术评估项目的业主、开发商或设计方；

乙方为房地产咨询机构或测试评估机构；

丙方为获得授权的最终评估认定机构。

各阶段的评估时间为：

规划设计阶段：初步设计通过审批以后。

运行管理阶段：竣工验收完成并运行一年后。

4.2　绿色低碳技术评估流程

按照第二章绿色低碳技术评估指标体系，绿色低碳技术评估分为规划设计阶段评估和验收阶段评估。项目的两个阶段可以独立进行评估并获得分数。但进行验收阶段评估时需考查其是否已通过规划设计阶段的评估，因此需提交规划设计阶段的评估结果或补充提交有关基础资料。各阶段的评估流程相同，如图 4-2 所示。

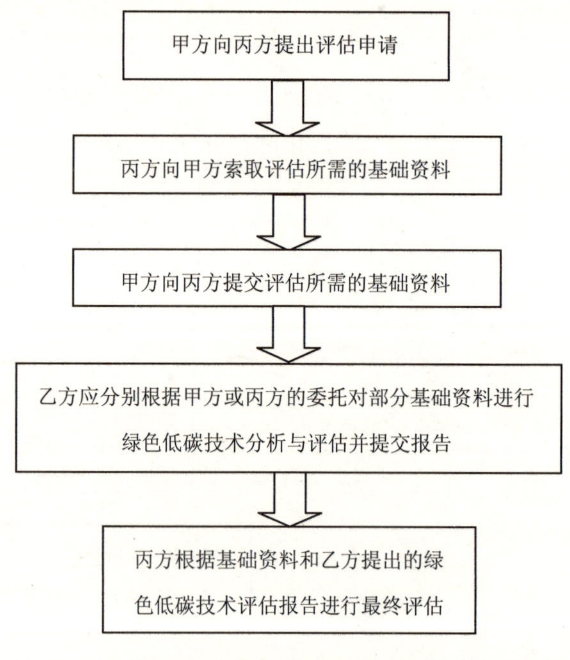

图 4-2　绿色低碳技术评估流程

其中：

甲方为申请进行绿色低碳技术评估项目的业主、开发商或设计方；

乙方为房地产咨询机构或测试评估机构；

丙方为获得授权的最终评估认定机构。

各阶段的评估时间为：

规划设计阶段：初步设计通过审批以后。

验收阶段：调试、竣工验收完成后。

4.3　住宅性能认定的评定流程

申请住宅性能认定应按照国务院建设行政主管部门发布的住宅性能认定管理办法进行。评审工作由评审机构组织接受过住宅性能认定工作培训，熟悉《住宅性能评定技术标准》，并具有相关专业执业资格的专家进行。评审工作包括设计审查、中期检查、终审3个环节，具体评定流程如图4-3所示。

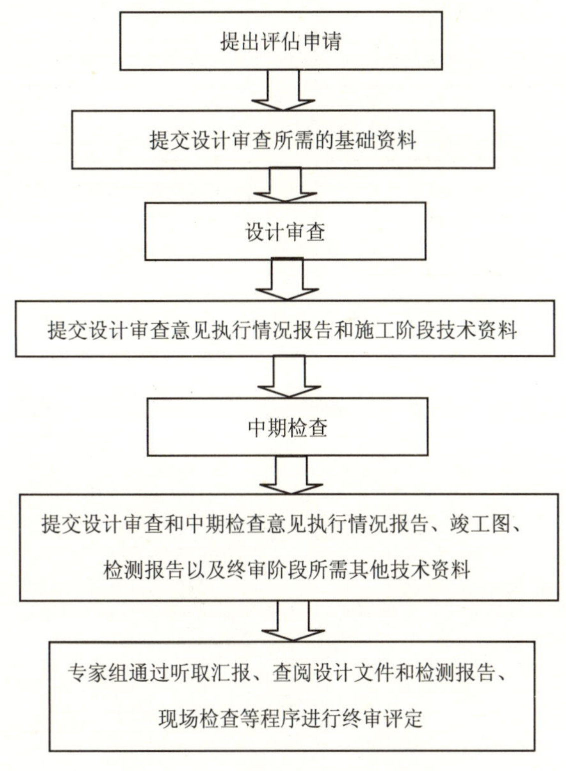

图4-3　住宅性能认定的评定流程

4.4　绿色养老住区联合评估认定流程

绿色养老住区联合评估认定流程如图4-4所示。由企业提出评估申请，并提交所需技术资料，3 个评估同步启动，分别进行各自评估，3 个评估体系全部通过，授予中国绿色养老住区示范项目称号。

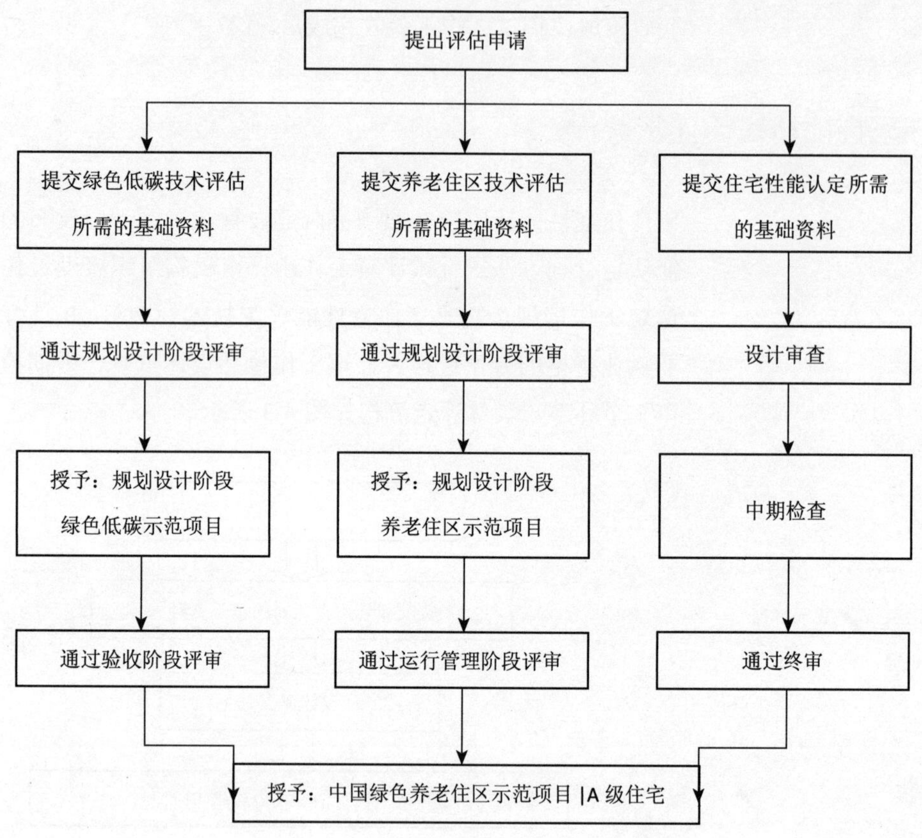

图 4-4　绿色养老住区联合评估认定流程

第二篇

养老住区规划设计指南

第五章　选址与规划

5.1　区位选址

5.1.1　自然条件和防灾减灾

目的要求

减少对自然生态系统的破坏、合理的利用自然地形地貌，减少土方量；防御洪水、潮水、地震、泥石流等灾害对住区的危害。

措施

1. 尽可能地保持和利用原有地形、地貌和水体、水系。
2. 采取有效措施，减少因开发而对生态环境造成的负面影响。
3. 查明区域内的洪水水位线，住区的标高设计应高于洪水水位线。
4. 查明地质（地层、构造）结构特征，对规划区内地质稳定性的影响程度及其发展趋势做出判断，根据实际情况进行项目选址。

5.1.2　交通条件

目的要求

确保道路交通的安全性、便利性、引导性与关联性。

措施

1. 有公共交通可到达城市的主城区。
2. 住区入口尽可能避开城市主干道、高速路、国道等道路。
3. 有条件的住区可在公共交通停靠站设计住区内部电瓶车换乘站，便于接送老人乘车。
4. 公交站点距住区入口步行距离不宜过长，且道路坡度不宜过大。

5.1.3　人文条件

目的要求

保护自然与文化遗产，保护原有景观特征和地方特色。

措施

1. 应当依据资源特征、环境条件、历史情况、现状特点以及发展趋势，统筹兼顾，综合安排。
2. 禁止非法占用生态保护区、自然景观保护区、史迹保护区、风景恢复区、风景游览区和发展控制区。
3. 依据场地人文条件，提供符合地方特色的老年人的居住养生、休闲娱乐设施及活动场所。

5.1.4　环境卫生条件

目的要求　　减弱外部不良环境对住区的影响。

措施

1. 适度地增强降噪措施，降低外界噪声的影响。
2. 远离化工厂、垃圾处理中心、污水处理厂等有污染源的场所。
3. 避免在有气体排放的加工厂的下风口建设。

5.1.5　市政条件

目的要求　　优化城市功能，避免重复建设的浪费。

措施

1. 在市政条件基本成熟的地块控制范围内进行选址建设。
2. 新建市政设施在满足自身功能的同时最大限度地服务于周边的使用者。
3. 各项市政设施应做好应急备案措施，以便在断电、断水、断供暖时不受太多影响。

5.2　建筑布局与路网结构

5.2.1　建筑布局

目的要求　　功能分区明确，居住生活方便，便于管理。

措施

1. 居住建筑宜按照不同护理等级分类作组团式布局，每一组团的规模宜在 400 人以内。建筑物之间宜用避风雨联廊连接，使居住者前往公共活动、医疗中心等处风雨无阻。
2. 建筑组团的形式避免雷同，增强可识别性。
3. 公共活动及医疗中心等的设置应兼顾对外开放的需要。

5.2.2 路网结构与标识

目的要求 确保住区内道路循环畅通，安全便利，并易于识别引导。

措施

1. 实行人车分流，住区微循环系统宜设置电瓶车。
2. 步行系统应简洁、可识别性强，设有休息处，道路宽度应保证两辆轮椅能相向通过，路面要求平坦、防滑、排水顺畅。
3. 道路交叉口及重点地段设置路牌或地图，标识系统便于识别、色彩醒目，有条件的住区可增设语音标识系统。

5.3 配套设施

5.3.1 设施配备

目的要求 提供合适的公共服务设施。

措施

尽量提供表 5-1 所列的各项公共服务设施。

公共服务设施 **表5-1**

序号	配套设施分类	项目
1	医疗护理类	针对老年人的综合医院
		护理区内设置护士站
		老年康护中心
		老年诊所

续表

序号	配套设施分类	项目
2	康体健身类	老年健身休闲中心、老年综合活动中心、老年会所
		高尔夫球场
		各种球类运动场（网球、门球、台球、羽毛球、乒乓球等）
		游泳池、水疗、按摩
		棋牌活动室
3	文化类	剧场或多功能厅（歌舞剧场、卡拉 ok 等）
		图书馆或阅览室
4	教育类	老年大学或相应学习机构（艺术活动室、手工艺教室、电脑教室等）
5	餐饮类	公共餐厅
		咖啡厅、酒吧
6	商业服务类	购物中心
		小型店铺
		美容、美发厅
		商务中心（打字、复印、邮寄包裹）等
		其他，洗衣服务、照相服务等

5.3.2　公共服务设施

目的要求　针对老年人细化公共服务配套设施，提高公共服务设施的使用率。

措施

1. 增设社区服务设施，医疗卫生等设施宜取规范的上限。
2. 文化活动场所宜集合或靠近绿地安排，室内与室外活动相结合。动静分离，提供丰富的活动项目。
3. 儿童活动场宜邻近老年人活动场所或休闲区。

5.4　组团级住区配套设施（建议）

5.4.1　卫生站（千人指标组团级必备项）

目的要求　为老年人日常就医提供方便。

措施

1. 根据住区的规模合理制定卫生站的规模与人员编制。
2. 提供小区内部的出诊和常见药品的送取服务。
3. 有少量床位供应急使用。

5.4.2 文化活动站（千人指标组团级可选项，使用面积 150m² 以上）

目的要求　　为老年人提供丰富多彩的生活内容，增加幸福感。

措施

1. 根据住区规模合理制定文化活动站的规模。
2. 根据地域习俗合理设置棋牌室、图书室、音乐室、书画室、工艺室等活动空间。
3. 设置健身房、按摩室、桑拿浴、蒸气浴、日光浴室、室内游泳池等健身房间。

5.4.3 小超市（千人指标组团级可选项）

目的要求　　为老年人购买生活用品、农副产品等日常需求提供方便。

措施

1. 设置日用品、副食品小超市，并提供送货服务。

5.4.4 餐饮（千人指标可选项，如无餐厅必须设置小吃店）

目的要求　　为老年人提供饮食便利。

措施

1. 设置小吃店，提供早点和小吃，并有送餐服务。
2. 根据社区规模合理设置餐厅，并有送餐服务。
3. 到餐厅就餐安全方便，餐厅环境优雅温馨。

5.4.5 金融、邮电（千人指标可选项）

目的要求　　为老年人提供方便的邮政、缴纳费用、储蓄等项服务。

措施

1. 设置邮政、储蓄代办点，并提供上门服务。
2. 设置 ATM 类自助服务设施。

5.4.6　家政

目的要求　为老年人的日常生活提供服务。

措施

1. 设置洗衣房、美容美发店、鲜花店等服务点。

5.5　绿地系统

5.5.1　绿地的舒适和安全

目的　建立舒适、安全的绿化系统，防止有些植物影响老年人的健康和安全。

措施

1. 乔、灌木的选择应满足净化空气、隔离噪声、遮挡烈日、分割空间等功能。
2. 避免种植容易引起呼吸道过敏的植物和人体易触及的带刺植物。
3. 避免种植高于视线的灌木，以免遮挡人们的视线。
4. 种植易于管理、少虫害、无飞絮、无毒、无刺激性且具有特色的优良植物品种。

5.5.2　种植和灌溉

目的　在确保物种的多样性的同时提高苗木的成活率，节约用水。

措施

1. 因地制宜地选择树种，尽可能地选择本土树种。
2. 植物选择要求乔木、灌木、草本相混合，落叶与常绿相结合。

3. 保持植物群落的稳定性。
4. 实行节水灌溉，有条件的住区宜设中水处理系统和雨水收集系统用于灌溉。

5.6　景观设计及其他

5.6.1　景观建筑及构筑物

目的要求　满足居住者户外活动的需求，延长户外驻留时间，增强户外空间的识别性。

措施

1. 户外建筑小品丰富多彩，提供足够的座椅、休息亭。
2. 小品设计的体量、尺度、色彩更适合于老年人，材料的选用应考虑防寒、防潮、防烫。
3. 一些功能性的构筑物可与建筑小品设计相结合。
4. 在有条件的住区可增设 LED 宣传栏设计，随时发布天气、新闻、社区活动等内容。

5.6.2　铺地

目的要求　增强室外空间的识别性、美观性和安全性。

措施

1. 就地取材，减少施工成本。
2. 材料选择注意防滑性、透水性。

5.6.3　室外照明

目的要求　保证居住者夜间户外活动安全，完善夜景的美化功能。

措施

1. 灯光的照度、色彩要适度，避免过强、过眩的灯光照射。
2. 建筑物附近的灯光设计应避免灯光对室内居住者的干扰。

3. 道路、园艺和建筑照明应进行分项控制。

5.6.4　室外无障碍设计

目的要求　为所有老年人提供安全、无障碍的路径和设施。

措施

1. 开放绿地、公园、广场的主要出入口等处应设提示盲道。
2. 开放绿地、公园、广场的地面应平缓，少用台阶。有高差时应设无障碍坡道。
3. 公共厕所、座椅、小桌、垃圾箱等设施应便于坐轮椅者接近使用，其位置不应妨碍视障者通行。
4. 所有道路上的地下管线井盖应与地面取平。

第六章　建筑设计

6.1　居住建筑设计

6.1.1　平面布局及垂直交通

目的要求　　平面布置及垂直交通均实行无障碍化，保障老年人生活起居的安全，并便于管理。

措施

1. 老年人的居住建筑宜为通廊式住宅（公寓），通廊宽度应能保证两辆轮椅相向通过并留有余地，通廊两侧应设置扶手，每个居住单元入口处宜适当后退形成凹口，便于轮椅出入回转。
2. 为老年人居住、使用的建筑物内部不得设置台阶，居住单元内部不宜做跃层，否则应设电梯。
3. 居住单元内部地面高差不应大于20mm。
4. 卫浴间应做无障碍设计。
5. 为老年人居住、使用的建筑物，除平房外均应设置电梯。

6.1.2　建筑物出入口

目的要求　　出入口应保证人流的通畅，做到人性化设计。

措施

1. 出入口平台要满足多人停留、交叉通行以及轮椅回转的要求，要保证老年人进出建筑物的安全、便捷。
2. 出入口平台上方的雨篷宜覆盖到坡道，以免雨、雪天气滑倒老年人。
3. 门厅及主要公共区域设有残疾人出入坡道，并配置轮椅存放处，设有残疾人专用卫生间或厕位。

6.1.3　室外坡道与台阶

目的要求　室外坡道、台阶的设计应保证老年人、残障人士在住区内自由行动的方便和安全。

措施

1. 建筑物出入口等处均应设置室外坡道，坡道的坡度应平缓，坡段不宜过长，其临空边缘应设护栏。
2. 室外台阶应平缓，每级踏步应均匀设置，禁用扇形或不等高、不等宽踏步，台阶应有防滑处理。
3. 台阶侧面临空时应在边缘设置侧挡或护栏，以免踩空或杖头拄空。
4. 台阶踏步的表面铺装应有助于老年人辨识踏步轮廓，以保障安全通行。

6.1.4　公共楼梯

目的要求　公共楼梯应上下省力、安全，位置明显易找。

措施

1. 老年住宅内楼梯平台净宽、深度宜适当加大，楼梯两梯段之间不应有实墙，有利于担架通行。
2. 楼梯坡度宜适当放缓，使老年人上下省力。
3. 踏步的表面铺装应有助于老年人辨识踏步轮廓，以保障安全通行。

6.1.5　电梯

目的要求　方便老年人搭乘和紧急施救。

措施

1. 适当增大候梯厅进深，方便轮椅回转和救护担架出入。
2. 应至少配置 1 台可运送担架（床架）的医用电梯。
3. 应选择适合老年人使用的电梯类型，如宽门浅进深轿厢、并设置安全扶手、安全镜、低位操作板和防撞板等。

6.1.6　公共走廊

目的要求　　公共走廊、通道应保证易达性和安全性。走廊要一目了然，有明确的方向性。

措施

1. 公共走廊应简便直接，保证轮椅能够回转、相向通过和担架顺利通行。
2. 住宅公共走廊内的配电箱、消火栓、暖气等设施不应影响走廊的有效净宽。
3. 走廊两侧墙面应设置扶手，踢脚宜加高，避免轮椅碰撞损坏墙面。
4. 宜在住户入口缩进空间处户门旁为住户预留个性化设置或摆设的位置（如摆放花束、宠物模型、照片等的固定位置）。
5. 利用地面、墙面材料质感和颜色的变化增强方位感和易识别性。

6.1.7　扶手

目的要求　　保障老年人行走安全。

措施

1. 在老年人经常活动的空间，如坡道、走廊两侧均应设置连续扶手（或护栏）。
2. 为便于有视觉障碍者的行动，可在扶手的起始端和末端附加提示场所或房间名称的盲文，重要部位可加语音提示。

6.1.8　门

目的要求　　门应便于老年人及轮椅的通行顺畅。

措施

1. 卫生间、阳台门下以及其他处所不得设置高于地面 20mm 的门槛，且宜以倒坡脚过渡，方便轮椅通行。
2. 除分户门采用平开门外，户内次要部位宜选用较方便的推拉门、折叠门等。

3. 应选用杠杆型门把手。

6.1.9　窗

目的要求　　窗应确保老年人操作的便利性和安全性。

措施

1. 采用易于开闭、安全牢固的窗及其五金件。
2. 落地窗及易受碰撞部位的玻璃应采用夹胶玻璃。

6.2　居住空间套内设计

6.2.1　玄关

目的要求　　为老年人出行和回家提供方便的准备、卸装小空间。

措施

1. 以有限的面积合理安排好玄关的各项功能，包括更衣、换鞋、取放随身物件和放置轮椅等项，设置相应的组合家具，提供适当的照度。
2. 玄关的尺度应满足急救担架顺利出入的需要。

6.2.2　走道和过厅

目的要求　　尽量减少交通面积，提高空间利用率。

措施

1. 走道、过厅应保证轮椅和担架通行。
2. 走道应尽量缩短，可利用适当部位设置壁橱。

6.2.3　起居室

目的要求　　起居室应为老年人提供日常生活、会客和休息的功能，应能营造温馨的家庭氛围，形成家庭活动的中心。

措施

1. 起居室应有充足的日照，通风良好。根据气候条件，设置日光室（封闭阳台）或阳台。
2. 坐席区应能满足会客、看电视、阅读和休息的需求。

6.2.4　餐厅（用餐区）

目的要求　为老年人提供方便舒适的用餐环境。

措施

1. 餐厅（用餐区）应紧靠厨房，并便于轮椅老人就餐。
2. 宜设有一定的贮物空间。

6.2.5　厨房

目的要求　为老年人提供安全、便利、高效的炊事设施。

措施

1. 厨房应有良好的采光通风，空间尺度适当，厨具设施完善，便于轮椅老人操作。
2. 宜采用电能炉具（如电磁炉、电热水器等），以策安全。

6.2.6　多功能间

目的要求　可为有需要的住户设置多功能间，作为书房、棋牌室、健身房、休闲室、客房等用。

措施

1. 空间尺度考虑多种功能的适用性。
2. 设施接口（如插座、网络等）考虑适应多功能需要。

6.2.7　卧室

目的要求　为老年人提供安静、舒适、健康的睡眠环境。

措施

1. 一般设双人卧室（一张双人床或两张单人床），应有良好的采光通风，应留有书桌的位置，设有便于老年人使用的壁柜。
2. 卧室的尺度尚应考虑便于轮椅通行和医疗救护。

6.2.8 卫生间

目的要求　　为老年人提供卫生、安全、方便的盥洗、如厕环境。

措施

1. 卫生间要求干湿分区。
2. 坐便器旁应需设置扶手。
3. 淋浴喷头、浴缸旁应设置 L 形扶手。
4. 应为轮椅老人提供方便。
5. 卫生间门宜采用推拉门或外开门，便于救助人员进入；地面应防水、防滑。
6. 宜设外窗，有良好的通风采光。
7. 洗衣机宜在卫生间外单独设置，宜设烘干机。

6.2.9 阳台

目的要求　　每户应设一个生活阳台（或日光室），为老年人提供阳光、锻炼、休闲和种植盆花的场所。

措施

1. 阳台宜设在起居室外，宜适当分区，如：锻炼活动区、花卉区、洗涤区、晾晒区等。
2. 根据气候条件确定阳台封闭或开敞。阳台尺度应方便轮椅通行。封闭式阳台（日光室）宜采用落地玻璃窗或低窗台，并在内侧设置护栏。

6.3 公共部位设计

6.3.1 公共空间

目的要求　　社区的公共使用空间要满足老年人的安全使用要求。

措施

1. 适当加大公共空间的尺度，以方便老年人的行动，在走廊和公共活动空间设置休息座椅。
2. 服务性空间宜配套衣帽间、休息厅等辅助性空间。

6.3.2 住区接待大厅

目的要求

接待大厅应为老年人提供宽敞明亮的空间。

措施

1. 接待大厅应有足够的使用面积，通风采光良好，室内布置要温馨、典雅，色调协调。
2. 应设有总服务台和接待服务空间。

6.3.3 公共走廊

目的要求

为老年人提供安全、亲切的步行通道和交往空间。

措施

1. 走廊宽度应满足两辆轮椅相向通过并留有余地，尽量采取天然采光，光线、照度充足，两侧设扶手。
2. 长走廊宜设有艺术品摆放或展示点，并在适当部位提供休息座椅，地面材料应防潮防滑。

第七章　室内设计

7.1　室内装修

7.1.1　装修设计

目的要求　　为老年人提供温馨安全的室内空间。

措施

1. 住宅室内装修设计应简洁明快，色彩柔和，不宜做过度繁琐的装修设计。
2. 老年人常经过的墙体阳角宜做成圆角或钝角。
3. 轮椅活动区宜做 350mm 高的防撞踢脚板。
4. 老年人居室不宜设吊柜，应设贴壁式贮藏壁橱。
5. 厨房炉灶宜离开门窗及表具设备，应选用有自动断火功能的炉灶，宜选用电磁炉、电热水器等电能炉具。

7.1.2　装修材料

目的要求　　为老年人提供清洁健康的居住条件。

措施

1. 必须采用经过认证的无公害材料，禁用易燃及经燃烧散发毒气的材料。
2. 墙面应采用耐脏可擦拭的材料，地面应采用有弹性、防滑且易清洁的材料，不用或少用坚硬材料。
3. 宜选用高明度、低纯度色彩的装饰材料。
4. 不应使用易碎易脱落的材料，在人体能碰触的部位避免使用玻璃，否则，应采用安全玻璃。

7.2　室内环境

7.2.1　室内光环境

目的要求　　为老年人创造明亮舒适的光环境。

措施

1. 老年人居住建筑的主要用房应有充分的自然采光。
2. 主要用房的采光窗洞口面积与房间地面面积之比，应符合《老年人居住建筑设计标准》GB/T50340-2003 的规定。
3. 运用多种形式的光源，营造丰富的视觉效果。

7.2.2　室内通风

目的要求　　为老年人提供良好的室内通风条件。

措施

1. 卧室、起居室、活动室、医务诊室、办公室等一般用房和走廊、楼梯间等应采取自然通风。
2. 卫生间、公共浴室宜采取自然通风，并同时配置机械通风，并设通风道。厨房和治疗室等应采取自然通风并设机械排风装置。
3. 老年人居住单元的厨房、浴室、卫生间门下部应设有效开口面积大于 $0.02m^2$ 的固定百叶或不小于 30mm 的缝隙。
4. 采用直接自然通风的空间，其通风开口面积应符合表 7-1 的规定：

各类主要用房自然通风开口面积与地面面积比　　　　表7-1

类型	房间名称	通风开口面积 / 地面面积
住宅	卧室、起居室、明卫生间	≥ 1/20
	厨房	≥ 1/10 并 $0.6m^2$
公共建筑	办公	≥ 1/20
	餐厅	≥ 1/16
	厨房与饮食制作间	≥ 1/10 并 $0.8m^2$

续表

类型	房间名称	通风开口面积 / 地面面积
公共建筑	营业厅	≥ 1/20
	卫生间、浴室	≥ 1/20
	病房、护理室、候诊室	≥ 1/15
	活动室	≥ 1/10

7.2.3　室内声环境

目的要求　为老年人提供安静的居住条件。

措施

1. 老年人居住建筑居室内的噪声级、居室内分户墙及楼板的空气声计权隔声量均应满足《老年人居住建筑设计标准》GB/T50340-2003 的规定。
2. 卧室、起居室不应与电梯、水泵房、风机房、热水炉等设备空间及公用浴室、公共厨房等水平或垂直贴邻布置；当贴邻布置时应采取有效隔声减震措施。应特别防止低频噪声的危害。

7.2.4　各类观演用房声学设计

目的要求　保证各类观演用房具备良好的声环境。

措施

1. 各类观演用房如多功能厅、礼堂、录像厅、视听教室、演艺用房、琴房等应分别考虑混响时间，确保声学质量，并做好隔声设计。

第八章　设备

8.1　给水排水

8.1.1　给水排水系统设计

目的要求　　给排水系统应满足老年人生活的需求。

措施

1. 老年人居住建筑给水排水系统设备选型应符合老年人使用要求，宜采用集中热水供应系统，其出水温度宜为40-50℃。
2. 老年人居住建筑应分套设置冷水表和热水表，宜为远传智能水表，便于住区中心出于健康管理随时监测目标人群的实时用水状况。

8.1.2　卫生洁具及设施

目的要求　　通过精细化设计，确保老年人方便、舒适、安全地使用卫生洁具。

措施

1. 应选用适合老年人使用的节水型、低噪声的卫生洁具和给排水配件、管件。
2. 卫生间宜划分干湿区域，避免老年人如厕、洗漱穿过湿区滑倒。
3. 卫生间宜采用同层排水，便于卫生洁具的灵活布置。
4. 卫生间地漏应具有防涸功能，且不得影响老年人的活动。
5. 在无防冻问题的地区宜在阳台配置固定洗衣机位置，方便晾晒，并在其旁设洗涤池。
6. 养老住区公共卫生间应设置两种高度的洗手盆，并配置感应式水嘴。
7. 公共区域宜设置高低不同的自动饮水台。

8.2 采暖与空调

8.2.1 采暖

目的要求 确保冬季室内的空气温度满足老年人的生活舒适性要求。

措施

1. 严寒、寒冷地区的养老住区建筑应设集中采暖系统。夏热冬冷地区有条件时宜设集中采暖系统。
2. 采暖热源应根据资源情况、环境保护、能源的高效率应用、用户对采暖预期费用的可承受能力等综合因素，经技术经济分析确定。集中采暖热源选择，应符合《严寒和寒冷地区居住建筑节能设计标准》JGJ26—2010 的相关规定。
3. 当采用集中热源时，应配置热量计量系统。
4. 设有采暖设施建筑的室内温度不应低于表 8-1 的规定。

室内采暖计算温度 **表8-1**

房间	卧室起居室	厨房	卫生间	浴室	活动室	餐厅	医务用房	行政用房	门厅走廊	楼梯间
温度℃	22	18	22	25	22	22	20	18	18	16

5. 采暖设备宜采用低温热水地板辐射供暖，应配置可靠的水温调节措施。
6. 采用散热器设备，应设置调节性能可靠的自力式温控阀或手动调节阀。散热器宜暗装。

8.2.2 空调

目的要求 确保夏季室内的空气温度满足老年人的生活舒适性要求。

措施

1. 最热月平均室外气温≥ 25℃地区的养老住区建筑宜设空调降温设备。
2. 设有空调设施建筑的室内温度不应高于表 8-2 的规定。

室内空调计算温度　　表8-2

房间	卧室起居室	活动室	餐厅	医务用房	行政用房	门厅走廊
温度 ℃	26	26	26	26	26	28

3. 有条件时，空调系统冷源宜采用集中式。当采用集中冷源时，应配制能量计量系统。
4. 采用分散式房间空调器进行空调时，空调设备的选用及安装应符合《严寒和寒冷地区居住建筑节能设计标准》JGJ26—2010的相关规定。
5. 空调室内机的布置应避免冷风直接吹向人体。

8.3　电气

8.3.1　配电装置

目的要求

配电系统应保障人身安全、供电可靠、技术先进和经济合理。

措施

1. 电气系统应采用埋管暗敷。
2. 配电箱应设置短路保护和漏电保护装置。
3. 独立套型应设置独立的电度表和配电箱。

8.3.2　照明灯具

目的要求

灯具设置合理，满足老年人的视觉识别要求。

措施

1. 照明标准值不应低于《建筑照明设计标准》GB50034-2004中居住照明建筑标准值。
2. 照度值宜在标准值基础上提高10%左右。
3. 建筑物出入口、阳台应设灯光照明。
4. 走道、楼梯等处设置夜间照明。
5. 卫生间、厨房、卧室床头、阅读位置设置局部照明灯具。

8.3.3　灯开关

目的要求　　灯开关设置合理，使老年人操作方便并利于节能。

措施

1. 采用带指示灯的宽板开关，多联灯开关不宜超过三联。
2. 长过道、卧室安装多点控制的照明开关。
3. 浴室、卫生间开关安装在门外侧。
4. 灯开关离地高度宜为 1.10m。
5. 公共部位（特殊部位除外）采用节能自熄开关。

8.3.4　电源插座

目的要求　　合理配置电源插座，方便老年人使用，避免乱拉线，减少用电安全隐患。

措施

1. 卧室、起居室内应设置不少于 2 组的二极、三极插座
2. 厨房内对应吸油烟机、冰箱、微波炉、电磁炉、电饭锅等厨房电器设置专用插座。
3. 卫生间内应设置不少于 1 组的防溅型三极插座。
4. 电磁炉、电饭锅等移动性厨房电器插座宜采用自带开关型。
5. 非独立型单元中宜每床位设置 1 个插座。
6. 起居室、卧室等老年人活动房间内的插座位置不应过低，设置高度宜为 0.60 ～ 0.80m。
7. 卧室、起居室、活动室应设置有线电视终端插座。

8.4　安全报警

8.4.1　燃气报警装置

目的要求　　保证使用燃气的安全性，当出现事故时，能够得到及时的处置。

措施

1. 以燃气为燃料的厨房、公用厨房、热水器部位，应设燃气泄漏

报警装置。

2. 当发生燃气泄漏时，室内发出声光报警并自动切断燃气进气阀。
3. 燃气泄漏报警装置应采用联网型，报警信号应传输到有人值班的管理室，当发生燃气泄漏时，管理室发出声光报警信号并显示报警部位。

8.4.2 紧急呼叫装置

目的要求

老年人发生紧急状况时，能够发出求救信号以便得到及时处置。

措施

1. 起居室、卧室、浴室、厕所等处应设紧急报警求助按钮。
2. 护理房间床头应设呼叫信号装置，呼叫信号直接送至有人值班的管理室。

8.4.3 闭路监控装置

目的要求

重要部位设置监控摄像头，及时发现异常状况。

措施

1. 电梯内应设置紧急对讲系统及闭路监控系统。
2. 建筑物入口、前室、住区主要道路及人员活动区域应设置监控摄像头。
3. 摄像头信号送至有人值班的保安控制室。

8.4.4 对讲装置

目的要求

对建筑物入口进行人员出入管理，保证居住者的安全。

措施

1. 居住建筑宜设置彩色可视对讲系统，每户设置对讲分机。
2. 居住建筑单元门宜设置门禁系统，门禁与对讲系统一体化。
3. 对讲系统采用联网型，信号送至保安控制室。

4. 各户设置门铃。

8.4.5　生活节奏异常感应装置

目的要求　对老年人的生活节奏进行探测，及时探知异常情况。

措施

1. 居室、卫生间内安装人体移动感应探测器。
2. 对特定的家用设备使用情况进行监视。
3. 通过系统软件对监控信号进行分析，如发现异常情况发出报警信号，并通知相关人员进行及时处置。

8.4.6　针对老年痴呆症患者的特别措施

目的要求　防止老年痴呆症患者迷失，唤起其对日常生活方式的认知感，从而保持其心情的舒畅。

措施

1. 住区内应设专区集中照料痴呆症患者。
2. 专区内出入口应隐蔽，远离一般居住者的居住活动场所。
3. 利用建筑、园林小品、摆设等帮助患者辨认方位。
4. 专区内路径应作循环闭合式设计，使患者易于返回出发点。
5. 患者日常活动的场所和使用的物品应明显易找，空间隔断和常用物品的箱柜门应采用透明或半透明材料。
6. 应为患者设置能唤起其对日常生活方式认知感的活动场所，如下厨、洗衣、手工制作等场所。

附　录

附录1 术语

1. **住区**：具有一定规模（一般不小于居住组团）的住宅区的统称。
2. **养老住区**：是指专门为老年人设计建造的、居住相对集中的，能够给老年人提供家政、医疗保健和社交娱乐等服务的，集一般社区生活和养老功能于一体的，符合老年人体能心态特征的老年人居住区。
3. **绿色生态住区**：符合可持续发展、在建筑全寿命周期的各环节充分体现节约资源与能源、减少环境负荷和创造健康舒适居住环境的要求，与周围生态环境相协调的住区。又称绿色住区。
4. **绿色低碳住区**：符合绿色生态住区要求，且符合二氧化碳减排指标的住区。
5. **住区设施**：指养老住区的居住建筑和居住单元、公共建筑和公共设施、以及机电设施等。
6. **养老服务**：指养老住区所提供的各项服务（包括日常生活服务、家政服务、健康医疗和社交娱乐等）及服务供应商等。
7. **安全保护**：指养老住区的消防安全、食品安全和医疗安全。
8. **运营管理**：指养老住区的运营机构管理和居住者管理。
9. **运行效果评定**：对投入实际运营的养老住区各项标准的执行情况的综合评估。
10. **住宅性能认定**：对养老住区居住建筑的适用性能、环境性能、经济性能、安全性能和耐久性能的综合评估认定。
11. **地形**：在地理学中称作“地貌”，即地表面的起伏、地面上所有自然地物和其他固定物形态的总称。
12. **保水性**：降水后就地渗透的雨水量与降水量之比。
13. **绿地率**：住区用地范围内各类绿地面积的总和占住区用地面积的比率（%）。绿地应包括：公共绿地、宅旁绿地、公共服务设施所属绿地和道路绿地（即道路红线内的绿地），其中包括满足当地植树绿化覆土要求、方便居民出入的地下或半地下建筑的屋顶绿地，不应包括其他屋顶、晒台的人工绿地。
14. **开敞空间**：住区内为居民活动设置的室外空间，如花园、健身游戏场地、广场和露天聚会场所等。

15. **乔木**：主干明显而直立，分枝繁盛的木本植物。

16. **热岛效应**：由于城市中人口高度密集，以及在城市特殊下垫面（“下垫面”是气候学术语，指直接与大气下表面接触的地表层）和城市人类活动的影响下，形成的城市中心区气温高于城市郊区的现象。

17. **热岛强度**：指城市中某地温度与郊区气象测点温度的差值。

18. **微气候**：由下垫面构造特性所决定的发生在地表（一般指土壤表面）上部 1.5-2.0 米范围内大气层中的气候特点和气候变化。

19. **房间自然室温**：自然室温指的是不考虑采暖或空调时的房间环境温度，它由建筑围护结构、气象状况和室内热源唯一决定。

20. **采暖度日数（HDD18）**：一年中，当某天室外日平均温度低于 18℃时，将该日平均温度与 18℃的差值乘以 1 天，并将此乘积累加。

21. **空调度日数（CDD26）**：一年中，当某天室外日平均温度高于 26℃时，将该日平均温度与 26℃的差值乘以 1 天，并将此乘积累加。

22. **建筑物耗冷量指标**：按照夏季室内热环境设计标准和设定的计算条件，计算出的单位建筑面积在单位时间内消耗的需要由空调设备提供的冷量。

23. **建筑物耗热量指标**：按照冬季室内热环境设计标准和设定的计算条件，计算出的单位建筑面积在单位时间内消耗的需要由采暖设备提供的热量。

24. **空调年耗电量**：按照夏季室内热环境设计标准和设定的计算条件，计算出的单位建筑面积空调设备每年所要消耗的电能。

25. **采暖年耗电量**：按照冬季室内热环境设计标准和设定的计算条件，计算出的单位建筑面积采暖设备每年所要消耗的电能。

26. **参照建筑**：符合国家或地方节能标准的假想建筑，作为采用对比评定法的比较对象。参照建筑的大小、形状、朝向和平面布置与参评的实际建筑物完全一致。

27. **能量转换效率（ECC）**：指被评建筑的冷热源输出全年累计的空调用冷量、热量与消耗的电、天然气、煤、蒸汽和热水的能量的比值。

28. **输配系数（TDC）**：在已定的输配系统的形式、风机水泵选型及控制调节策略条件下，空调水系统和风系统在单位耗电量下所能输配的冷热量。
29. **绿色建材**：又称生态建材、环保建材和健康建材等，指在从生产——使用——报废的全寿命周期内，采用清洁生产技术、少用不可再生资源和能源、有效利用可再生资源或工业废弃物生产的长寿耐用的无害建筑材料。
30. **可再生能源**：指太阳能、风能、生物质能、浅层地热、海洋能等及其所产生的二次能源等。
31. **不可再生能源**：指煤炭和石油等化石能源。
32. **垃圾处理站**：住区的垃圾收集、分类、打包和运输或处理设施。
33. **碳汇**：从空气中清除二氧化碳的过程、活动、机制。
34. **绿化碳汇**：绿化植物吸收大气中的二氧化碳并将其固定在植被或土壤中，从而减少二氧化碳在大气中的浓度。
35. **住宅适用性能**：由住宅建筑本身和内部设备设施配置所决定的适合用户使用的性能。
36. **建筑模数**：选定的尺寸单位，作为建筑尺度协调中的增值单位。
37. **菜单式（或套餐式）统一装修**：以菜单（或套餐式）的形式确定不同档次和不同风格的装修要求，并由开发企业统一实施完成的装修。
38. **步入式更衣间**：具备贮藏衣物和更衣功能并能进入的空间。
39. **无障碍设施**：住区内建有方便残疾人和老年人通行的路线和相应设施。
40. **住宅安全性能**：住宅建筑、结构、构造、设备、设施和材料等不形成危害人身安全并有利于用户躲避灾害的性能。
41. **污染物**：对环境及人身造成有害影响的物质。
42. **住宅耐久性能**：住宅建筑工程和设备设施在一定年限内保证正常安全使用的性能。
43. **设计使用年限**：设计规定的结构、防水、装修和管线等不需要大修或更换，不影响使用安全和使用性能的时期。
44. **主控项目**：建筑工程中的对安全、卫生、环境保护和公众利益起决定性作用的检验项目。
45. **耐用指标**：体现材料或设备在正常环境使用条件下使用能力的检验指标。

46. **住宅环境性能：**由住宅周围人工和自然环境所营造的外部居住条件。

47. **视线干扰：**视线可以直接看清他人在住宅的居住空间的行为，可能引起伤害，如侵犯隐私权等。

48. **智能化系统：**现代高科技领域中的产品与技术集成到居住区的一种系统，由安全防范子系统、管理与监控子系统和通信网络子系统组成。

49. **家庭智能控制器：**完成家庭内各种数据采集 、控制及通信传输的设备，具有家庭安全防范、 设备监控及信息通信的功能。

50. **住宅经济性能：**在住宅建造和使用过程中，节省和降低资源消耗的性能。

附录2 相关标准与规范

本手册内容引用了下列文件中的条款。凡是不注日期的引用文件，其有效版本适用于本标准。

GB50437	城镇老年人设施规划规范
JGJ122	老年人建筑设计规范
GB /T50340	老年人居住建筑设计标准
MZ008	老年人社会福利机构基本规范
DB11/T 149	养老服务机构院内感染控制规范
DB11/T 220	养老服务机构医务室服务质量控制规范
DB11/T 305	养老服务机构老年人健康评估服务规范
DB11/T 304	养老服务机构标准体系 技术标准、管理标准和工作标准
DB11/T 303	养老服务机构标准体系 要求、评价与改进
DB11/T 148	养老服务机构服务质量标准
GB 15980	一次性使用医疗用品卫生标准
GB15981	消毒与灭菌效果评价方法与标准
GB15982	医院消毒卫生标准
GB50084	自动喷水灭火设计规范
GBJ39	村镇建筑设计防火规范
GB50045	高层民用建筑设计防火规范
GB50222	建筑内部装修设计防火规范
GB13495	消防安全标志
GB15630	消防安全标志设置要求
GB21976.1	建筑火灾逃生避难器材 第1部分：配备指南
GB50140	建筑灭火器配置设计规范
GB50116	火灾自动报警系统设计规范
GB50219	水喷雾灭火系统设计规范
GB/T 4789	食品卫生微生物学检验
GB14934	食（炊）具消毒卫生标准
GB3095	环境空气质量标准
GB3096	城市区域环境噪声标准

GB3838	地表水环境质量标准
GB50015	建筑给排水设计规范
GB/T50331	城市居民生活用水量标准
GB/T50378	绿色建筑评价标准
GB5749	生活饮用水卫生标准
GB6566	建筑材料放射性核素限量
GB8702	电磁辐射防护规定
GB8978	污水综合排放标准
GB9667	游泳场所卫生标准
GB13271	锅炉大气污染物排放标准
GB16297	大气污染物综合排放标准
GB18483	饮食业油烟排放标准（试行）
GB18580	室内装饰装修材料　人造板及其制品中甲醛释放限量
GB18581	室内装饰装修材料　溶剂型木器涂料中有害物质限量
GB18582	室内装饰装修材料　内墙涂料中有害物质限量
GB18583	室内装饰装修材料　胶粘剂中有害物质限量
GB18584	室内装饰装修材料　木家具中有害物质限量
GB18585	室内装饰装修材料　壁纸中有害物质限量
GB18586	室内装饰装修材料　聚氯乙烯卷材地板中有害物质限量
GB18587	室内装饰装修材料　地毯、地毯衬垫及地毯胶粘剂有害物质释放限量
GB18588	混凝土外加剂中释放氨的限量
GB/T18883	室内空气质量标准
GB18918	城镇污水处理厂污染物排放标准
GB/T18920	城市污水再生利用　城市杂用水水质
GB/T18921	城市污水再生利用　景观环境用水水质
GB50015	建筑给水排水设计规范
GB50019	采暖通风与空气调节设计规范
GB/T50033	建筑采光设计标准
GB50034	建筑照明设计标准
GB50096	住宅设计规范

GB50176　　民用建筑热工设计规范
GB50180　　城市居住区规划设计规范
GB50189　　公共建筑节能设计标准
GB50325　　民用建筑工程室内环境污染控制规范
GB50335　　污水再生利用工程设计规范
GB50368　　住宅建筑规范
GBJ14　　室外排水设计规范
GBJ118　　民用建筑隔声设计规范
CJ94　　饮用净水水质标准
CJ164　　节水型生活用水器具
CJ/T206　　城市供水水质标准
JGJ26　　严寒和寒冷地区居住建筑节能设计标准
JGJ75　　夏热冬暖地区居住建筑节能设计标准
JGJ134　　夏热冬冷地区居住建筑节能设计标准
CECS57　　居住小区给水排水设计规范
CJJ83　　城市用地竖向规划规范
养老护理员国家职业标准
养老机构服务质量星级划分与评定（讨论稿）
中华人民共和国传染病防治法
中华人民共和国执业医师法
医疗机构管理条例
医院感染管理规范（试行）
消毒管理办法
消毒技术规范（征求意见稿）
医院药剂管理办法（卫生部卫药字【1989】第 10 号）
卫生技术人员职务试行条例
中华人民共和国护士管理办法
医药卫生档案管理暂行办法
食品加工、销售、饮食业卫生“五、四”制
食品安全国家标准 2010-2011 系列
中华人民共和国食品卫生法
中华人民共和国合同法
电磁辐射环境保护管理办法（国家环境保护局第十八号局令）
产业结构调整指导目录（国家发展和改革委员会第四十号令）

美国相关标准

养老机构组织规范

Accreditation Standards for Senior Housing in China – Organization Structure

（为中国老年住宅编写的组织机构标准，美国康桥国际）

美国老年住宅协会提供内容

Model Assisted Living Act，Continuing Care/Managed Care Legislation，IRS Educational Materials: Elderly Care Facilities and Fair Housing and Disability Rights Compliance Guide

（介护样板法案、持续护理 / 管理型保健法案、国税局教育资料：老年人护理设施、公平住房和残疾人权利法案达标指南）

Assisted Living and Continuing Care Retirement Community – State Regulatory Handbook 2011

（介护和连续护理退休社区——2011 年各州法规一览）

美国加利福尼亚州有关法规

Manual of Policies and Procedures – Community Care Licensing Division Residential Care Facilities for the Elderly （RCFE）

（准则和规程手册，加利福尼亚州老年居住护理设施执照管理局）

Continuing Care Contract Statutes-State of California – Health and Safety Code

（加利福尼亚州健康和安全规范——连续护理合同法规）